U0312892

慧眼选猫

THE CAT SELECTOR

[英] 大卫·艾顿（David Alderton） 著

谢决明 译

上海科学技术出版社

图书在版编目(CIP)数据

慧眼选猫/（英）艾顿（Alderton，D.）著；谢决明译．—上海：上海科学技术出版社，2015.1

ISBN 978-7-5478-2384-2

Ⅰ.①慧… Ⅱ.①艾…②谢… Ⅲ.①猫-普及读物
Ⅳ.①S829.3-49

中国版本图书馆CIP数据核字（2014）第225624号

慧眼选猫 THE CAT SELECTOR
[英] 大卫·艾顿（David Alderton） 著
谢决明 译

上海世纪出版股份有限公司
上海科学技术出版社 出版
(上海钦州南路71号 邮政编码200235)
上海世纪出版股份有限公司发行中心发行
200001 上海福建中路193号 www.ewen.co
上海中华商务联合印刷有限公司印刷
开本 889×1194 1/12 印张 14.66 插页：4
字数：300千字
2015年1月第1版 2015年1月第1次印刷
ISBN 978-7-5478-2384-2/TS·158
定价：150.00元

本书如有缺页、错装或坏损等严重质量问题，
请向工厂联系调换

慧眼选猫

THE CAT SELECTOR

如何选一只合适你的猫

大卫·艾顿

目 录

简　介

尽管被广泛作为宠物饲养的是普通猫，但是很多朋友依然会选择纯种猫。很多纯种猫都有几百年的历史，典型的如暹罗猫和西伯利亚猫，它们起源于世界的不同地方，地理和气候的差异对于它们形成不同的外貌起到了决定性的作用。

不同品种的纯种猫，气质和饲养要求都不尽相同。当你决定养一只纯种猫的时候，要考量的因素很多。因此，选猫的时候不仅要考虑你是否喜欢，还要考虑它是不是适合你的生活习惯。

美容打理可能是首先考虑的因素，如长毛波斯猫，在这方面耗费的精力要比别的猫多得多；在不同的纯种猫当中，缅因库恩猫是如今体型最大的猫，食量惊人，养这种猫意味着支出更多；猫的脾气也各不相同，有些品种特别吵闹和活泼，而有些品种则相当安静和慵懒。

本书提供的图片赏心悦目，且品种不仅仅局限于纯种猫，有的毛色和图案也能在普通家猫中见到。在书中你不仅可以见到大众熟悉的品种，还能见到一些以往在别的猫专著中未曾作过描述的全新品种，如金佳罗猫。

姜色猫

如何使用本书

本书涵盖了新老品种猫，不仅能帮助你找到理想中的伴侣宠物，还能带你领略如今家猫家族中形形色色的种类，让你拥有更多的选择余地。

在 164 ~ 168 页有“主人的选项”和“猫的选项”两个表，这两个让人一目了然的快速检索表能让你在评估自己的生活方式后，决定哪一类猫比较适合你。要确定你最终选定的哪种猫，需要满足表中的条件，这很重要！通过上述两张表大致能让你知晓哪些猫是你可以选择的，哪些是不适合你的，然后在那些适合的品种中挑出你最喜欢的那种。

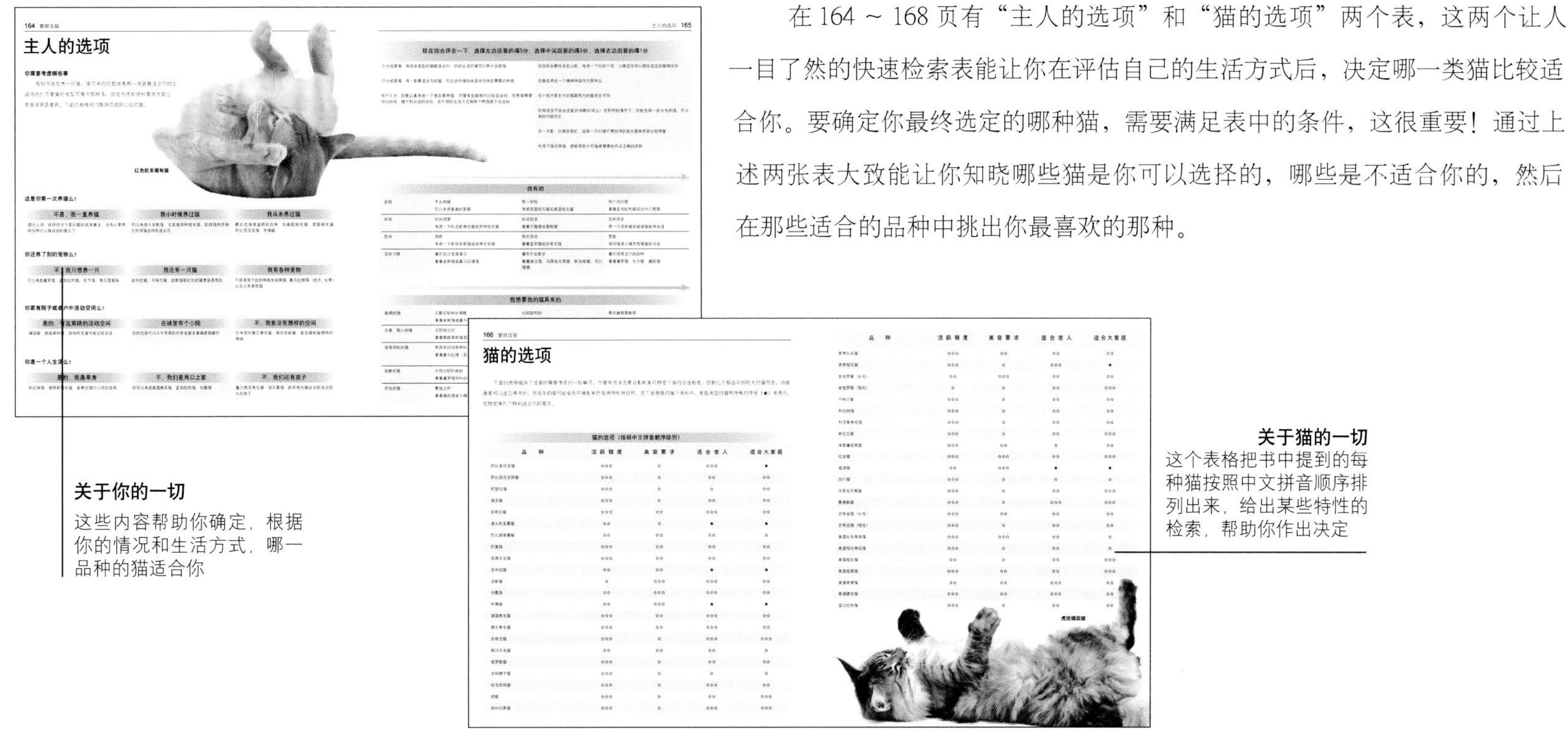

关于你的一切
这些内容帮助你确定，根据你的情况和生活方式，哪一品种的猫适合你

关于猫的一切
这个表格把书中提到的每种猫按照中文拼音顺序排列出来，给出某些特性的检索，帮助你作出决定

猫的介绍
简要介绍该品种猫的情况，包括猫的起源，以及行为和个性方面的背景资料

概要
以简要标题的形式让你对每种猫的特点一目了然

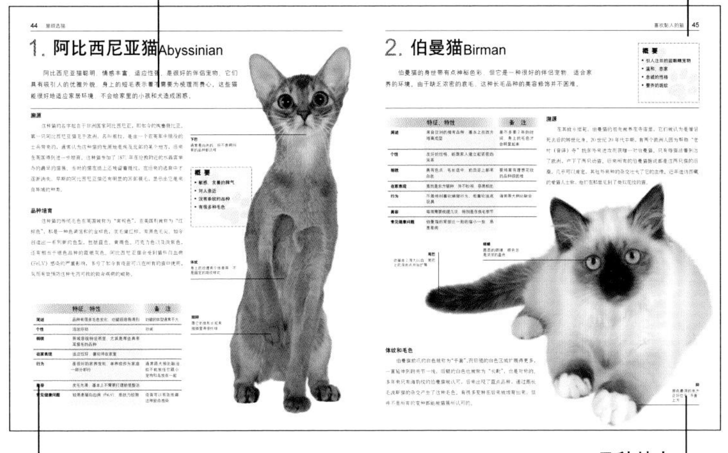

关键特征、特性
每一张表格都包含着个性特点、在家的表现和其他方面的特征

品种特点
重点标示毛色、身体形状等识别要点

本书的每一章中都列举了十种特征、特性类似的猫，譬如适合初学者养的猫或具有某种天赋的猫。同一章中的猫有时也会有较大的差异，譬如体型的差异，但这里提供的信息是严谨的，可以直接比较各种猫在个性、气质和外形上的特点。通过以上这些内容，结合书后面的表格，会帮助你最终认定哪种猫最适合你的生活方式的。

浅色玳瑁色猫　　棕色虎斑猫　　钦奇拉猫

挑选一只猫

当你想要养一只猫时，不要草率作出决定。假如从幼猫开始养，运气好的话，它可能要在未来的 15 ~ 20 年成为你日常生活中的一部分。影响你作出这种决定的因素有很多，有的跟你的生活方式有关，有的跟你的个人喜好有关，譬如你会偏爱某一种类型的猫。你需要考虑是否养一只纯种或非系谱的猫，是喜欢从幼猫开始养，还是养一只受过居家训练的成年猫，等等。

你的选择影响到你怎样找到一只理想的宠物猫，怎样把选好的宠物猫带到你家的新环境中去，并很快与你建立亲密的关系。最好主人要有很多空闲时间在家。要牢记，尽管一只猫，尤其是从小养的猫可以很好适应跟人和宠物犬在一起的生活，但是要在家里成功地养好它仍然需要时间和耐心。

金色钦奇拉猫

准备好接纳一只幼猫

养好一只猫并不容易，不仅仅是把猫买回家，并为其准备食盆和饮水盆（容器要能够放稳，便于清洗）那么简单，还需要食物垫、粪便托盘、垃圾袋、勺子和清洁托盘的特殊消毒剂。如果养的是长毛品种，还要准备梳子和毛刷。外出搬运猫还需要适用的笼箱。

开始的那几天

让一只新生的幼猫入住你家并不难，开始的几周尽量不要改变它原来的食谱，把引起消化不良的风险降到最低，新鲜干净的饮水也要随时供应。幼猫天性爱干净，它可能本能地会使用粪便托盘，如果它不会用，喂食后要及时把粪便托盘放在它旁边，因为猫在吃完东西后通常有排便习惯。

家里的家具布局可能也要相应调整，以确保不会伤着你的宠物。收好值钱的东西，以防被幼猫挠坏；也别让你的幼猫进厨房。

健康事宜

不要忽视宠物医生关于给猫接种疫苗和驱虫的建议。选择宠物医生有几点要考虑：以前就认识的宠物医生；或者请养动物的朋友帮你推荐；宠物诊所的位置最好离你家不远，以方便你带宠物就医。

保护家具

为了防止幼猫的利爪破坏家具，需要给它一块猫抓板。鉴于猫薄荷能吸引猫，所以你可以在猫抓板上挂一个猫薄荷玩具，或者撒一点猫薄荷在猫抓板上，吸引猫去用猫抓板

安全最重要

假如给你的猫戴项圈，一定要记得留有余地，否则当猫被卡住的时候就容易被勒死

快速检查

确定猫抓板很稳当，不会被猫抓翻

猫的户外活动

当幼猫长大后你要考虑是不是还要把它一直关在家里，需要让猫有个活动的场所。注射过疫苗的猫放出家去玩会更安全些。需要为它安装一个活络的猫门，市场上有各式各样的猫门，你要试试猫门大小是否合适，还要尽量避免其他的猫从隔壁溜到你家里来（国外一些猫门和猫项圈配套出售，猫项圈上的电子信号可以感应猫门，实现自动开门，以阻止陌生的猫进入。译者注）。这很重要，因为这些陌生猫会跟家里的猫打架，还会偷吃家里的食物。

姜色和白色猫

健康
假如你想养两只猫，最好选同一窝的，从健康角度看，比从不同的地方弄来的两只猫更安全一些

食物
任何年龄段的新来猫都要避免突然改变食谱

乌色猞猁斑猫

微芯片

猫项圈上的芯片可以感应猫门的开启，植入式的微芯片可以自动读出你家宠物猫的信息，对于在各种场合下识别猫的身份很有用。微芯片仅有米粒大小，可以通过注射植入猫颈部后面的皮下。如果你的猫走丢后被送到救护机构，用识别仪扫描微芯片后就能读出唯一的识别码，然后找到你，让你和你的猫重聚。

开销
两只幼猫可以在新家适应得很好，但比起只养一只来说，养两只猫意味着更多的额外开销

巧克力色杂交伯曼猫

挑选适合你的猫

在充分考虑到养一只猫的开销，以及对你的生活方式会带来的影响之后，下一步就要考虑该养什么类型的猫才是最适合你的。在以往的十年，可识别的猫的品种突破性地达到80种以上，它们彼此的行为特点迥异。

选择品种

假如你想要一只能老实待在家里的乖乖猫，波斯猫（见73页）可能是个不错的选择；另一个典型的品种，被称为“无毛猫”的斯芬克斯猫（见149页）也是最有名的，它在家里不怎么会掉毛，家里收拾起来比较轻松。

家庭其他成员也会影响你做出选择。要是家里有年龄比较小的孩子，就可以考虑脾气比较好的布偶猫（见50页）；假如你寻求一只能和家里的犬和谐相处的猫，阿比西尼亚猫（见44页）会是很好的选择；不确定猫会不会引起过敏，假如有这种可能，那么养一只无毛的品种或者是俄罗斯猫(见98页)，就可能不太会引起不良的过敏反应。

在有些环境中，有些猫就不适宜养，譬如你喜欢在院子里看到鸟，就不适宜养诸如暹罗猫（见86页）和东方猫（见63页）这样热衷于捕猎的品种，而布偶猫则几乎没有捕猎的行为。

黑色短毛猫

蓝色英国短毛猫

黑白波斯猫

养非品系猫（杂种猫）的好处

尽管有很多新的品种猫涌现，但是人们饲养的绝大多数的猫并非纯种猫。很多人宁可养这样的杂种猫，是看中它们的脾气和适应能力。杂种猫不像暹罗猫那样吵闹和张扬，也不像俄罗斯猫那样沉静，哪怕是长毛的杂种猫也不会像喜马拉雅猫（见 70 页）那样体毛浓密，打理起来相对更容易些。

另一个吸引人们养杂种猫的原因是它们的外表毛色斑纹的多样性。很多纯种猫有标准的体色和斑纹，这些很少在杂种猫身上发现，实际上也很少在街头流浪猫身上看到纯色的猫，它们的特点是在喉咙下、胸口和身体别的部位有大小不等的白色区域。由于种源的缘故，杂种猫身上颜色的分布不太会形成种内特征。现代才出现的一些体色变化（如巧克力色和焦糖色）也仅限于在纯种猫当中遗传，在东方品种当中存在着大量体色和斑纹的变化。尽管如此，假如你想要找到一只稀有毛色的猫，你需要很费心、很耐心才可能碰到一只。

养公猫还是母猫

你需要考虑的另一个问题是养公猫还是母猫。公猫通常长得更大，成熟后脸颊上经常会有特征性的肉垫；母猫一般更加温驯。但如果你得到的猫是做过节育手术的，公猫与母猫的差别就不明显了。（实际上鉴别公母最靠谱的方法是看外生殖器，尾根部两个孔相距较远的是雄性。译者注）

养幼猫还是成年猫

很多人会不加思索地考虑从幼猫开始养，特别是 8 ~ 12 周龄的幼猫。从小在家里长大的猫跟人的关系会更加亲密，这样做还有个好处是，带它看宠物医生的时候，你能够大致知道猫的年龄，方便诊疗。

另外，总会有些成年的猫会被一些有季节性需求的家庭收养。有的猫刚开始的时候会很怕人，但是经过一段时间的照料下也能成为很亲昵的宠物，跟从小养大的猫一样乖。只有那些从小就在野外出生，被称为“野猫”的个体几乎养不乖，这就是为什么在很多情况下，猫收容机构在收到这类猫后会给它们做绝育手术，然后放回到它们原来的生活环境，而不是试图让它们被别的家庭收养。

缅因猫

在哪里选养猫

去哪里找一只猫来养，取决于你想要的猫的类型。假如你想要一只非品系的杂种猫，可以通过广告和宠物兽医联系，跟猫收容机构联系也是个好主意。

纯种幼猫

当你从品种猫繁育者那里得到一只幼猫时，要价的高低不仅仅看品种本身，还要看幼猫表现出的潜质。繁育者需要从初生的幼猫中作出判断，以决定哪些幼猫要作为今后的留种，其他的就可以作为宠物猫出让。但是在此不要因为纯种的幼猫用了“宠物类型”一词而感到纠结，并不表示这些幼猫有什么不对劲，仅仅是具有不适合参加专业猫展的某些瑕疵，譬如毛色深了一些，要不就是斑纹在有些方面不到位而不符合要求。

猫罹患各种遗传病的风险要比犬低一些，如今有些潜在的疾病可以通过特别的检查发现，譬如多囊肾病会侵害波斯猫和它的近缘品种诸如异种短毛猫（见 47 页）等。如今只需要用棉签提取唾液样本的简单做法，就能有效诊断某个个体是否患有这种疾病。

生长缓慢

有些同一窝的小猫，就像位于图片当中的那只，长得比同伴大一些，但是这并不一定意味着它的体型最终会比别的猫更大。缅因猫生长较为缓慢，每只幼猫发育情况会有所不同

作出决定

电脑网络让你更容易找到那些哪怕是不常见的纯种猫，但是也没必要过度依赖网站信息，也可以通过养猫杂志和直接的广告等其他途径找到猫的来源。最好是参观当地的猫展（品种猫展示），直接面见养猫人，索要一份猫咪俱乐部成员名单，由此联系到一些繁育纯种猫的人，罗列出你想要的猫的颜色、性别、价格等信息，你就能或多或少地找到一些你想要的幼猫的资源。千万不要买你连一眼都没见过的幼猫，购买前通常要先去它原来的窝里看看。假如你看中其中的一只幼猫，付定金时别忘记索要一张收据，并在上面清楚标明你看中的是哪只幼猫，最好能附上照片。

巧克力色英国短毛猫

眼睛颜色的变化

幼猫的眼睛颜色最初是蓝色的，仅有细微的变化

收养

假如在收养一只猫的时候，对方让你提供你家的一些生活细节，你可别感到奇怪，这主要是收容机构要根据你家的情况给你一些如何给猫提供合适环境条件的建议，让猫在你家中生活得更好，主要目的还是便于找到适合你家的猫，你要有这方面的准备。你几乎不太可能在流浪猫占绝大多数的猫收容机构挑选到一只纯种的猫。然而，有时候你也可能在不需要很多钱的情况下，有机会得到纯种猫——有的纯种幼猫，尤其是像很抢手的热带草原猫（见124页）那样的新生幼猫可是价格不菲的哦！

跟育猫专家联系，他们也会有一些不再用于繁育计划的老猫可以转让，这样的猫不像幼猫那样贵，主要是因为市场对新生的猫需求量更大。但是你收养这些已经养乖的老猫也有好处，它们已经在育猫专家的家里生活较长时间，它们很快能够适应新家的环境。

缅因猫

幼猫的健康问题

没有万无一失的办法可以保证你选中的猫一定是健康的（尽管有些测试能在部分猫当中查出遗传疾病），但是有些重要的步骤可以提升你得到健康猫的概率，最简单的做法就是到那些有好口碑的养猫人手上去买。

早期照料

你应该得到一张你的幼猫原先食物构成细节的食谱。开始几周要严格按照食谱执行，直到幼猫开始熟悉你后，食谱才可以慢慢地有所调整，这样才能减少可能会致命的消化系统紊乱的风险（记住这个年龄段的幼猫体质弱，特别容易得病）。还有一个你必须要了解的情况是，要有它是否已经接种过疫苗，以及什么时候进行过驱虫的证明。新宠物到家后要尽早带上这些资料，带幼猫去宠物医院那里做检查。

染病的风险

从收容所得到的幼猫要比从养猫者手里得到的幼猫风险更大，在那样复杂的环境中，呼吸道疾病更容易传播，幼猫特别容易受到猫流感的伤害。凑近观察你的幼猫，看看有没有流鼻涕、拉肚子和食欲不振的症状，看看有没有出现第三眼睑——当猫的身体状况不佳时，这片眼膜会延伸出眼角的位置。怀疑你的幼猫有病，就要立刻安排宠物兽医检查。幼猫生病后健康状况可能会迅速恶化，例如腹泻造成的脱水不同于本身的感染，对于幼猫来说是非常危险的。

假如你从收容所得到一只来历不明的成年猫，也需要走相同的程序。驱虫也很重要，如果觉得猫以前没有接种疫苗，应及时预防接种，这样可以有效防止猫白血病（FeLV）等疾病的发生。

绝育

另一件很重要的事情就是确定猫是否被阉割过。公猫通过检查睾丸是否存在很容易判定，通常情况下睾丸很容易在尾根下方观察到，阉割的猫没有睾丸；但母猫是否做过绝育手术就不容易辨识。绝育手术很重要，可以防止你的猫频繁怀孕。猫是诱导排卵的动物，没有固定的排卵周期，交配行为能诱导卵子的释放，这会显著提高成功受孕的可能性。

母猫的绝育手术可能在身体下方的腹壁或者体侧施行，如果手术做过一段时间，毛就会长出来，做过手术的痕迹就不明显，但依然可以通过仔细检查这些部位是否存在疤痕来确定它是否做过绝育手术。假使你无法确定，请寻求宠物兽医的帮助。

尾巴

应该能轻松摆动尾巴，不应出现扭结

尾根

该部位的毛不应有沾染，否则就表示有消化不良的问题

到家早期的那些天

刚到家的那些日子里别放你的猫外出，尤其是成年的猫。幼猫不太喜欢游荡，但要考虑到它在没有完成疫苗接种程序的情况下是得不到很好保护的，可能会有很多猫经过你的院子，因此有潜在的健康风险。同样，假如幼猫走失，是很难找回的。

假如一只成年猫出去游荡后不跟你回家，不听你的呼唤，那就很容易成为流浪猫。在第一次放成年猫外出之前，必须要让它在家待上2～3星期以熟悉新环境（这期间你要准备一个粪便托盘供它排泄，养熟后可以让它在外面解决）。始终要记住先放猫到院子里活动，等它跟你一起回到家里后再喂食，要建立让猫听从呼唤后回家的规矩。幼猫长大，可以出门的时候，也要这样处理。

肚子轮廓

大腹便便的样子可能表示有寄生虫，驱虫措施在任何情况下都很重要

体毛

检查体毛有无寄生虫，有跳蚤时，毛发上会有黑斑点

本章中介绍的猫适合那些不太在乎猫的品种，只求猫的颜色看起来夺人眼球的人群。

从左至右分别为蓝猫、奶油色虎斑猫，棕色虎斑猫、玳瑁色猫

多彩的猫

如今的猫跟它们的野生祖先欧洲野猫（*Felis silvestris silvestris*）在外貌上比起来可是大有改观，创造出了丰富多样的色彩。虎斑纹消失了，出现了有时候被称为“自有色”（固有色）的猫。家猫的族群出现了明显的毛色分界，以至于研究人员在一定程度上有可能通过毛色来画出它们的血缘图，这样就能够了解某种颜色的个体在不同地区的非纯种猫的族群中所占的比例。

研究结果表明，体毛表现为红色的猫有两个发源中心。第一个见于土耳其，红色猫辐射分布到东欧的一部分和亚洲；世界上第二个当地猫有很多红色系的发现地是斯堪的纳维亚（在地理上是指斯堪的纳维亚半岛，包括挪威和瑞典，文化与政治上则包含丹麦。再广义地指北欧。译者注）；第三处为苏格兰北部，然而研究者认为，那里的猫很可能是维京海盗带去的，而不是那里本来就有的。

世界不同地区对于猫的选育也提供了猫不同体色起源的重要线索。巧克力色和淡紫色猫显然起源于东南亚，比在西方见到这些颜色的猫早了几百年。

1. 白色White

白色的猫有不同的类型，它们之间的差别是由基因确定的，不是一眼就能看出来的。然而眼睛的颜色是显而易见的，具有蓝色眼睛和鸳鸯色眼睛的白猫可能有听力问题。

概 要

- 醒目的白色毛色
- 皮肤粉红色作为反衬
- 多变的眼睛颜色
- 蓝眼的猫可能会耳聋

溯源

不同品种的猫都能见到白色，但在非纯种的猫里面很少见。有时候，就像这张图片中的白色美国短毛猫那样，两眼呈现不同的颜色，表明它是“鸳鸯眼白猫”。也有蓝眼的白猫，以及有着绿色至橙色各种眼睛颜色的白猫。低龄的幼猫眼睛通常都是自然的蓝色，等到一个月大的时候，它们真正的眼睛颜色才会显现出来。

健康问题

由于缺乏保护皮肤的黑色素，白色的猫比较容易晒伤和患上皮肤癌。它们的耳尖也很脆弱，这个部位有结痂就是一种感染的信号。通常不推荐给猫用防晒霜，因为它们在理毛时会用前爪擦掉防晒霜，还可能误吞，人用的防晒霜可能会对猫造成毒害。市场上也有猫用的安全防晒霜。

耳聋
鸳鸯眼的白猫在蓝眼睛对面一侧的耳朵听力正常

足垫
由于缺乏黑色素，原本深色的足垫也是粉红色的

毛色
白色是纯白的，没有黄色调在里面

尾巴
尾巴上长满毛以抵御阳光。阳光会灼伤暴露的皮肤

2. 奶油色Cream

奶油色是在家猫中能见到的最浅的色彩变化（白色被认为是无色），但是深浅会有所不同，甚至在同一窝的幼猫当中也是如此。即便是很有经验的育猫专家，也不能准确猜到一窝幼猫当中将来哪一只的颜色会最浅。

概 要

- 深浅不等的奶油色
- 可能有明显的斑纹
- 醒目的红铜色眼睛
- 有长毛和短毛之分

头部斑纹
虎斑猫的头上通常都有隐约可见的“M”形条纹

横纹
虎斑猫在腿上的条纹有很大变化

浅色的脚指（趾）
脚指（趾）上的斑纹不很明显

溯源

在非纯种猫的身上有奶油色的情况并不罕见，这种颜色如今在很多品种猫里面都能见到。然而即使在纯种的血统中，也很难培育出身体不带斑块条纹的纯奶油色猫，尤其是在初生幼猫中，深色条纹很明显，随着猫的成熟才变得不太明显，这是个随机的过程，无法有效地掌控。同样，有些奶油色的猫被描述成比别的猫“更热”，只是因为这些猫的毛色更偏红一些。作为一种共识，通常认为纯种繁育的奶油色猫，体色会更浅一些。

体毛长短的影响

在奶油色的猫当中，体毛的长短也影响斑纹的情况。在短毛的个体中，毛更紧凑，身体的深浅条纹因而更明显；长毛的猫因毛发蓬松，这样的反差就不很明显。具有这种毛色的猫，眼睛的颜色通常是一种看上去很精神的、比较饱和的红铜色。这是个很明显的特征，使这些猫的眼睛看上去大而圆。

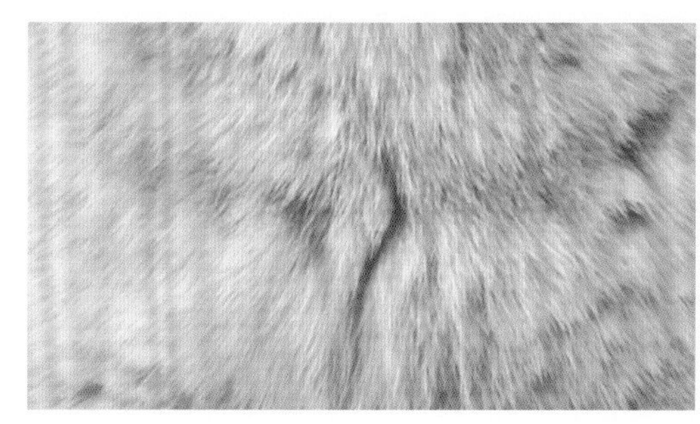

3. 红色Red

概 要

- 明亮的红色调
- 非纯种猫的体色要浅一些
- 很多品种的猫都有红色
- 大多数是公猫

红色的猫因其靓丽的外表而很抢手。跟奶油色的猫一样，它们身上通常也有斑纹，特别是幼猫，随着年龄增长，这些斑纹会逐渐隐去。长毛和短毛的品种都会有这种毛色。

红色调

在具有红色毛的猫中，纯种和杂种猫在外表上的差别很明显，主要是色调深浅的变化。这类颜色的猫早在19世纪后期首次在猫展上为人所认识时，它们的颜色还被描述成橙色。从那时候起，人们就对纯种的红色猫进行选育，就像图片上的这只猫一样，它们身上的毛色要比普通宠物猫更红、更深，因此在称呼上也发生了改变。相反地，非纯种猫所具有的、类似但更浅的颜色被称为姜色。身上有虎斑纹的红色猫也很常见，下巴的下方也常见白色。

性别问题

红色猫和玳瑁色猫有很近的亲缘关系，在基因遗传上猫的红色被认为是跟性别相关的颜色，要生下红色的公猫，配对的猫当中只要有一方带有红色基因就行了；如果想要生一只红色母猫，配对的双方都要具有红色基因才行。这就是为什么大多数红色猫都是公猫，这种毛色的母猫要少得多，即使是这样，它们要比玳瑁色的公猫更常见，且具有生育能力。所以要仔细检查红色幼猫，以确定它的性别。

颈项毛色
颈部的长毛颜色通常浅一些

深色的斑点
吻两边根部的毛是很深的红色

斑纹
比起短毛的品种来，长毛的品种虎纹斑更加不显眼

4. 淡紫色Lilac

与大多数毛色的猫可以借助非纯种猫形成品种猫早期的血缘性状的做法不同，这种情况在淡紫色猫中不会发生。想要保留这种性状，就必须用西方猫与东方猫杂交。

概 要

- 带有冷灰色调
- 毛色带红晕
- 来自亚洲的新毛色
- 如今很多猫都有这样的毛色

溯源

淡紫色在西方猫种，特别是固有色系的猫当中属于出现得比较晚的颜色。然而在亚洲，以科拉特猫为典型代表的淡紫色猫的记载已经有数百年历史，这种猫如今也称为泰国淡紫猫（这种猫得名于它的产地，泰国西北部的科拉特高原。译者注）。在其他地方的非纯种猫当中很难见到淡紫色猫，意味着具有这种颜色的猫非常稀有。因为这种颜色要在纯种猫的交配中随机产生，因此，假如你想要一只淡紫色猫，就要到纯种猫的后代当中去寻找。

差别

淡紫色猫和蓝色猫并不是很容易分辨的，尤其在幼猫阶段。凑近看鼻子，淡紫色猫的鼻子是粉红色的，足垫也是如此。毛色是浅淡的冷灰色，带有粉色调，在较亮的光线下看起来更明显。有些猫的淡紫色带有浅浅的巧克力色，就像有的红色猫淡化成奶油色的情形一样。

外观

鉴于毛色带有粉色晕，淡紫色要比蓝色更趋向暖色调

脸部特征

脸颊下的鼓起表明这是一只成熟的公猫

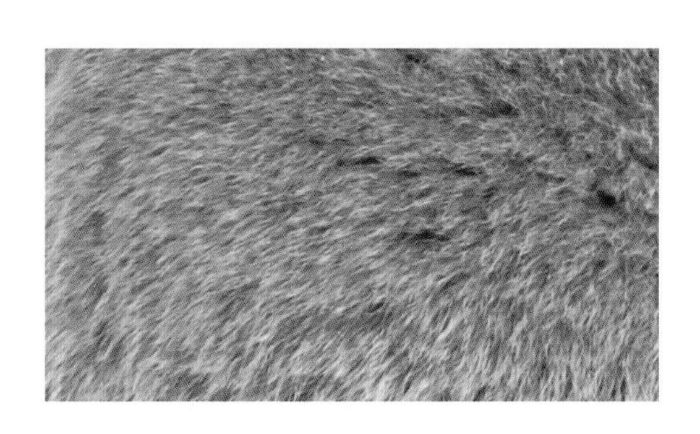

皮毛

皮毛的类型应该跟特定的品种相关

5. 巧克力色Chocolate

具有浓浓的深巧克力毛色的猫价格很高。这种猫是由欧美猫种与来自亚洲的猫种杂交而来的，如今从英国短毛猫到长毛波斯猫，已经成功地产生了很多种具有这种色型的猫。

概 要

- 独特的棕色
- 多变的眼睛颜色
- 兼有长毛和短毛的品种
- 一种起源于亚洲的色型

溯源

作为在欧洲、北美洲和其他地方相对较晚培育出来的色型，巧克力色猫跟别的较早培育出来的品种不太一样。最明显的一点就是，它们的体型显得小了一些，反映出它的祖先来源于亚洲。育种者致力于改善品种的特性，把这种色型注入现有的血统中，这就使得巧克力色的猫更容易成为理想的宠物，哪怕它缺乏作为展示品种的特质也无所谓。巧克力色的非纯种猫极不寻常，因为在亚洲以外地区的家猫当中，这不是一种“天然的”色型。

识别

新生的巧克力色幼猫颜色是浅浅的加奶巧克力色，随着长大而逐渐变深。鼻子的颜色是那种在强光下看起来带点粉色调的棕色，与足垫的颜色一样。眼睛通常是偏绿色的，但颜色的深浅会有变化，有的猫眼睛为黄色。在长毛猫当中，脖子下较长的颈项毛颜色会比其他部位的颜色浅淡一些。短毛的巧克力色猫颜色更加一致，体色通常还要更深一些。

短毛
脸和脚等毛比较短的部位颜色更深

一致的毛色
尾巴和身体上没有虎斑纹的痕迹

颜色分布不均匀
在长毛的品种当中，巧克力色可能分布不均匀

6. 蓝色Blue

猫的蓝色毛实际上是灰色的，而不是典型的蓝色调。因为对于猫的毛色而言，这代表了黑色的稀释，而且这种蓝色的深浅会有很大变化。

概 要

- 很常见的毛色
- 实际偏灰色而不是蓝色
- 毛色深浅不一
- 眼睛绿色或橙色

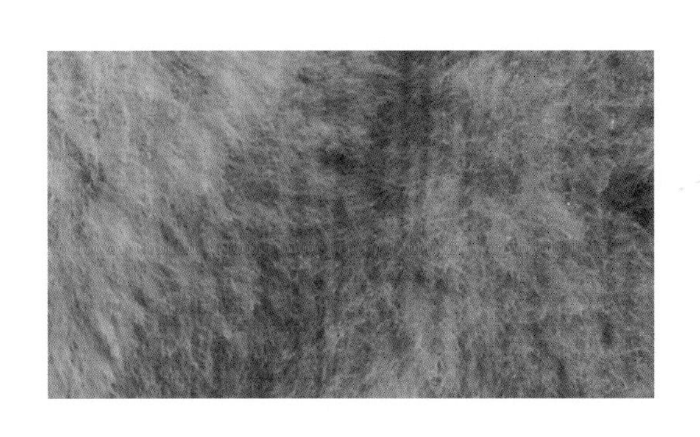

溯源

蓝色是一种很稳定的毛色，出现在很多品种当中，尤以很有名的卡特尔猫（见107页）和科拉特猫（见97页）为代表。毛发的类型反映出它的外观颜色，在明亮光线下显现出银色光泽。这种现象在短毛的蓝猫，特别是在那些没有浓密厚实底毛的俄罗斯品种（以前被称为俄罗斯蓝猫）当中表现得尤其明显，由于外层粗毛的毛尖是比较浅的银灰色，所以在猫走动时，会有闪闪发光的感觉。

育种

像蓝色这种颜色淡化形式的基因，只有在配对都是蓝色的情况下才可以确定得到蓝色的后代，这是因为蓝色具有常染色体隐性遗传特质，如果给一只蓝猫配一只其他颜色的猫，只有当那只猫也具有蓝色隐性基因的情况下才能产生蓝色的后代。实际上这是不可能通过肉眼来辨别的。在有些例子中，尤其是长毛波斯猫，不同个体的蓝色深浅变化很大。按照一般的审美观，毛色较浅的蓝色猫更受欢迎。

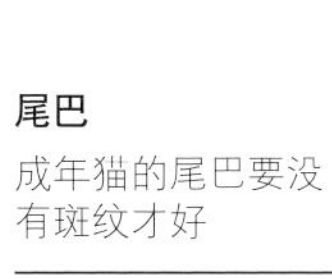

7. 黑色Black

这种颜色的猫比其他颜色的猫的传说更多，它们常被认为有巫术。

概 要

- 眼睛和毛色反差明显
- 天气会影响毛色
- 体色一致
- 对黑猫有迷信

溯源

黑色的猫都是很浓的炭黑色，就像这只黑色的东方猫一样，短而光滑的皮毛强化了这种感觉。相反地，黑色的长毛波斯猫看起来就没有那么黝黑，只是因为它的毛没有那么浓密和紧致。然而，在不同的气候条件下，毛发的黑色会有变化，经常在户外活动的黑猫身上会有铁锈色的晕，尤其是在背部和身体两侧，这是阳光紫外线的漂白作用造成的。这种情况不会一成不变，在下次换毛后，颜色又会回到原来的样子。纯种和非纯种在黑猫中有一种特征，可以辨别它是否纯种。不论是什么品种，只要是纯种的黑猫，身体上是没有白毛的，这种情况从不会在非纯种的猫身上出现。非纯种的黑猫身上会有零星的白毛随机分布，而且白色区域也经常会比较大。跟黑犬的情况不同，黑猫的黑毛不会随着年龄的增长而变灰，所以不能根据毛色来判断它的年龄。

头形
东方猫有着三角形的头，反映出它是暹罗猫的后裔

足的颜色
足垫的颜色和鼻子一样，都是炭黑色

色彩均衡
黑色布满全身的毛发

8. 东方焦糖色Oriental Caramel

这是一种源自于东方猫品种的不寻常毛色。如今这种基因也传给了英国短毛猫，但焦糖色的个体总体来说依然比较罕见。以前这种颜色的猫也被称为粉笔猫。

概 要

- 稀有的毛色
- 品种复杂
- 东方猫和缅甸猫之间外观不同
- 新添英国短毛猫血统

溯源

在自然基因中反映出焦糖色的猫品种比较复杂，它经常会让拥有其他颜色如浅黄色、淡紫色或者蓝色的猫变成焦糖色的猫。它们不仅仅是带有自有色（固有色），基因中还可以跟虎斑猫色型组合，也能影响到玳瑁色猫毛色的基因表现。具有焦糖色的猫不会引起大惊小怪，特别是在东方猫当中，这个群体中有很多不同的变化和组合的颜色。就像图片上的这只缅甸猫（见56页）所表现的那样，那些猫有着蓝色偏黄的外观，成熟后光滑的皮毛还会有金属质感的闪亮。整个身体都是同一种颜色，肚子下面的毛色也不会变得浅淡。

缅甸猫培育

这个品种并没有在其他猫当中建立很牢固的传承关系，焦糖色的缅甸猫基本上集中在新西兰，那里的遗传学家从20世纪70年代中期开始就用持续的努力来攻克这个难关。这种情况的原因如今已经清晰，这些猫实际的毛色决定于它们的亲本潜在的基本毛色，如淡紫色，这是显而易见的。在焦糖色缅甸猫当中的情形也是如此，它们的下半身更加浅淡，它们偏向于浅黄褐色，下半身是蜜黄色，弥漫明显的淡紫色。

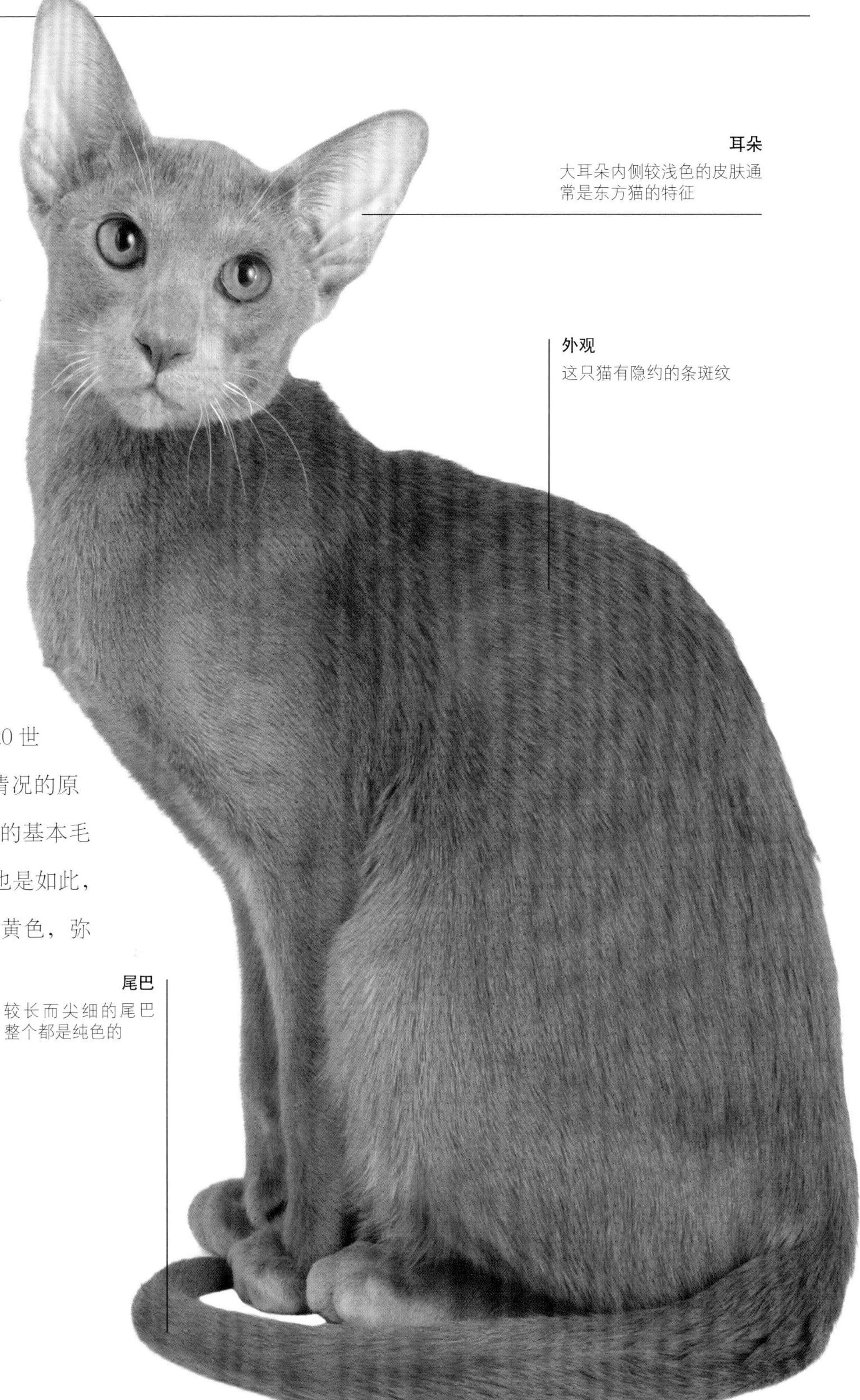

耳朵
大耳朵内侧较浅色的皮肤通常是东方猫的特征

外观
这只猫有隐约的条斑纹

尾巴
较长而尖细的尾巴整个都是纯色的

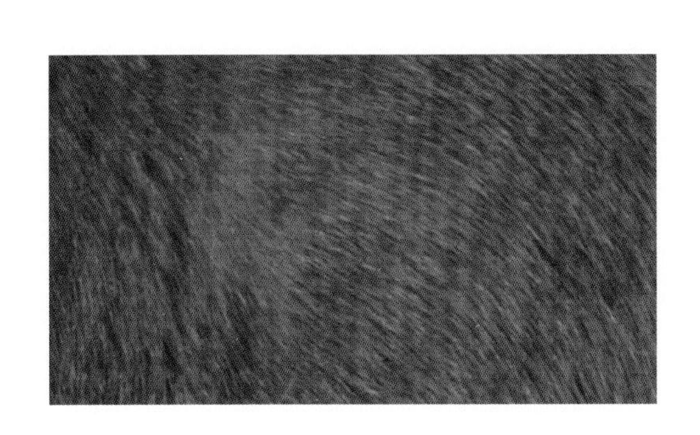

9. 浅印花布色Dilute Calico

也被称为"蓝色和奶油色掺杂，加上白色"。这种毛色的猫几乎都是母猫，这是由基因决定的。具有这种毛色的公猫是稀有染色体异常的结果，往往导致不育。

概 要

- 高度的个体差异
- 能够是纯种
- 几乎全是母猫
- 天性友善

溯源

这类猫的一个最显著的特点就是高度的个体差别，即使在同一窝幼猫中，也找不出两只花纹一模一样的个体。这个类型的毛色是奶油色和蓝色混杂，这就解释了为什么它有时还被称为稀释的玳瑁色和白色的原因。因为这些颜色是较浅淡的红色和黑色，也就是传统意义上的玳瑁色的混杂。这些猫天性友好，都是母性很好的猫。长毛浅印花布色猫在冬天看起来最漂亮，这时它的毛发最浓密，围绕着脖子有一圈飘逸的长毛。

展示

这种猫身体花纹的随机性也意味着身上的花色是完全不对称的，哪怕是对于打算用来参加猫展进行繁育的品种，也没法预测它的花纹。极端情况下，一只幼猫可能浑身都是白色的，另一只身上则可能仅有很小的白斑，这就意味着要繁育这种猫用作参展需要更多的运气，才能获得达到参展要求的那种花纹。母猫的花纹并不能预测它所生幼猫的花纹。

保持不变
这只幼猫的花纹长大后也不会改变

下体色较浅
白色区域多出现在胸口，深色毛在身体两侧

可识别的花纹
每只猫的花纹都不一样

10. 玳瑁色Tortoiseshell

玳瑁色拥有最丰富多彩的体毛颜色，反差强烈的红色和黑色混杂融合成斑块和毛旋，衬托着明亮的橙色眼睛。这种毛色无论是短毛品种还是长毛品种都会有，非纯种猫也不例外。

概 要

- 漂亮的外表
- 脾气温和
- 据说能带来好运
- 寿命较长

溯源

就像所有的玳瑁色品种那样，这种猫在外观上有很大的个体差别，这意味着你可以在享受一只纯种猫陪伴的同时，得到一个真正有个性化外表的玩伴。判断这类猫的标准是依据其各自品种的个性，而不是个体的外观毛色。幼猫在长大以后，毛色基本不会改变，只是在红色的体毛区域的虎斑纹可能会变得不很明显。

为何都是母猫

具有玳瑁色的基本都是母猫，跟它们一起出生的公幼猫都是红色或者黑色的，具有玳瑁色体毛的公猫存在概率大约是三千分之一，这是遗传特质决定的，跟决定性别的性染色体有关。公猫只有一个X染色体和一个较短的Y染色体，而母猫具有一对X染色体。有着玳瑁色皮毛的公猫往往具有一条额外的X染色体，导致性染色体成为XXY的组合，因而也造成不育的情况。

眼睛
眼睛的颜色有个体差异，从黄色到橙色，再到绿色的都有

被掩盖的部分
肚子上皮肤的颜色也在毛色上有不同的反映

混杂的颜色
颜色混杂的地方也叫玳瑁斑

本章的猫都有着独特的斑纹，很适合喜欢自己的宠物具有个性特征的人群。

淡化的玳瑁色和白色猫

有花纹的猫

如今的大多数猫在身体上都有一些形式的斑纹，就像它们的野生亲戚那样。在自然条件下虎斑纹有助于在丛林中混淆身体的轮廓，从而能有效跟周围环境融为一体，动物学家们称之为“扰乱性的伪装”。而在我们的眼中，家猫身上的那些斑纹并不是功能性的，外观仅仅具有审美的价值。然而在一些情况下，这些斑纹确实使猫更容易捕猎成功，也不太会引起潜在猎物的注意。

斑纹能出现在所有品种的猫中，只有纯白色的猫例外。除了各种条纹，还会有斑块色。在一只猫身上很可能出现不止一种类型的斑纹，就像卡利科玳瑁猫那样，玳瑁色和白色还混杂着虎斑纹。在猫当中的斑纹不是一成不变的——尤其是像暹罗猫那样的色点猫品种，斑纹还受到年龄和环境状况的影响。斑纹不仅仅是装饰身体，在一些虎斑猫品种中，它也会成为不同个体外貌的一种识别特征。

银色虎斑猫

1. 淡紫双色布偶猫
Lilac Bicoloured Ragdoll

布偶猫是在 20 世纪 60 年代在美国被培育出来的，随后就在国际上受到追捧，成为很大众化的家养宠物。

概 要

- 脾气很温和
- 没有强烈的捕猎本能
- 很友善
- 花纹漂亮

溯源

该猫的育成者安·贝克认为这些猫没有痛觉，这种说法被传得沸沸扬扬，但不是真的。它们之所以被称为布偶猫是因为被抱起来的时候，那姿态活像个布偶做的猫。它的形象组合了猫族中两种脾气最好的猫，长毛波斯猫（见 144 页）和伯曼猫（见 45 页），无怪乎布偶猫会有那么一副讨人喜欢的面容。尽管这种猫的祖先具有很强的捕猎本能，但是布偶猫基本上不会对当地的野生动物造成危害，这使得它成为澳大利亚常见的猫种。布偶猫首次见于欧洲是在 1981 年，当时有四只猫被进口到英国。

毛色变化

这种猫的传统毛色是海豹色（海豹那样在浅毛色上有斑点。译者注）、蓝色、淡紫色和巧克力色，最近在色系中又增加了红色和奶油色。它们身上可以有本色（固有色）的斑点，也能有像猞猁猫和玳瑁猫那样的斑点，甚至可能在身上同时具有这几种类型的斑纹。虽然说布偶猫平时不怎么会掉毛，但还是最好每周给它至少打理两次毛。虽然布偶猫小时候的体毛比较短，理毛的事情最好从小就开始做，以便猫长大后能习惯这样的梳理，也有助于增进猫和主人的感情。

体型
它们是体型很大的猫，公猫体型略大于母猫

体毛
不是特别的长，也不是特别的披散

尾巴经常很放松
布偶猫具有很放松的天性，使其成为理想宠物

2. 经典虎斑猫Classic Tabby

这种猫被称为经典虎斑猫（国内也有叫古典虎斑猫。译者注），似乎它是从原始的虎斑猫家养演化而来的，而实际上它是17世纪后才被描述的一个品种，被认为是一个突变品种。

概要

- 个性化的斑纹
- 在非纯种的短毛猫中常见
- 存在多种色型
- 斑纹变化特别

溯源

这种类型的虎斑猫改良自美国短毛猫那样的纯种，所以斑纹显得很醒目，它也被称为斑块猫。因为在浅色体毛背景色上有很多深色斑块，身体上最显眼的斑块位于体侧后腿上方的部位，形状上很像牡蛎壳，更多随机分布的花纹则很像非纯种虎斑猫的体纹。前额上有很典型的“M”形纹饰。有条纹环绕着腿部，延伸到背部。尾巴由深色和浅色的环纹交替组成，尾巴尖端是深色的。同样的纹饰也见于其他虎斑猫。

体色

这只个体是棕色虎斑，斑纹是黑色的。反差明显的特征也见于银色虎斑猫，斑纹在银色底色上很显眼。但是红色的经典虎斑猫则有所不同，较浅的红色底毛上是暗红色的斑纹，但依然清晰可见。在其他色型中，类似奶油色或蓝色，斑纹就不那么明显了。

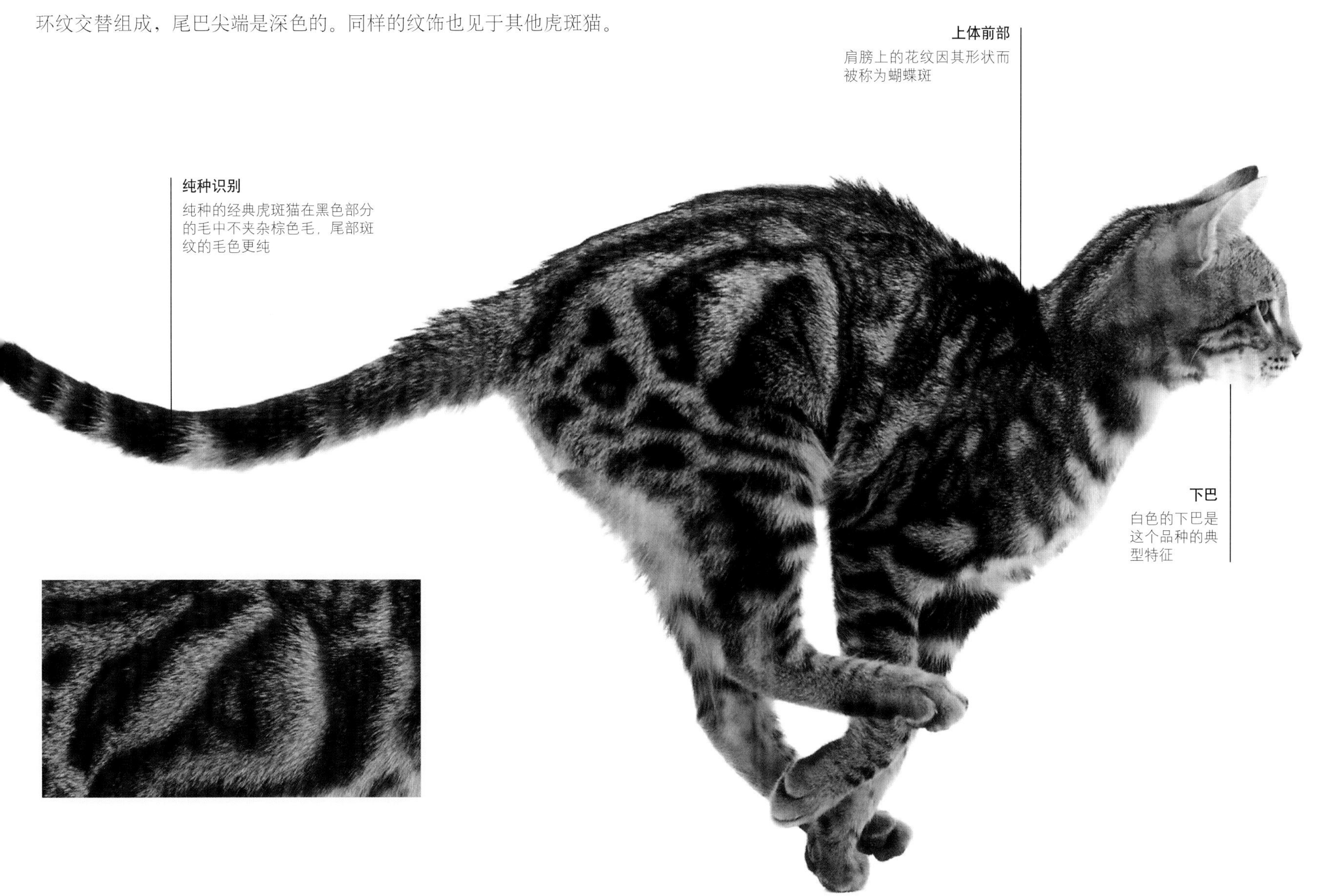

3. 鲭鱼斑猫Mackerel Tabby

有着特殊条纹图案的鲭鱼斑猫是虎斑猫的原始形态，据说身上的花纹很像鲭鱼的骨骼，所以这种猫被用鱼的名称来描述。

概 要

- 在纯种猫和非纯种猫中均常见
- 有很多种毛色
- 体质好
- 短毛种的花纹更好

溯源

鲭鱼斑纹是斑纹猫当中最常见的纹饰，在长毛和短毛品种中都能见到。就像这个例子中的猫一样，也是短毛猫中最醒目的，短毛使得条纹更加显眼。这种花纹在普通的非纯种猫里面也很常见，有些猫身上的条纹会被白色的区域打断。即使是纯种的猫，在产生的后代中找到完美花纹的个体也是不容易的，要凭运气。分布在身体两侧的条纹应该分布均匀才是上品。

繁育

鲭鱼斑猫的遗传基因形式就跟欧洲野猫（*Felis silvestris silvestris*）一样，条纹的特性传承自家猫的祖先。另一方面，产生斑块的性状则是隐性突变的结果，也就是说，如果鲭鱼斑猫和斑块斑猫配对，它们的后代基本上都是鲭鱼斑猫；只有两只均带有斑块基因的猫配对，它们的后代才会显现出这种斑块花纹。虎斑猫通常都很友善，但是在猫展上露面的并不多，主要是因为要培养出具有完美花纹的个体比较困难。然而还是会有一些猫外形很漂亮，特别是跟基础毛色形成明显对比的情况下。这种猫的条纹不会随着身体成熟而改变。

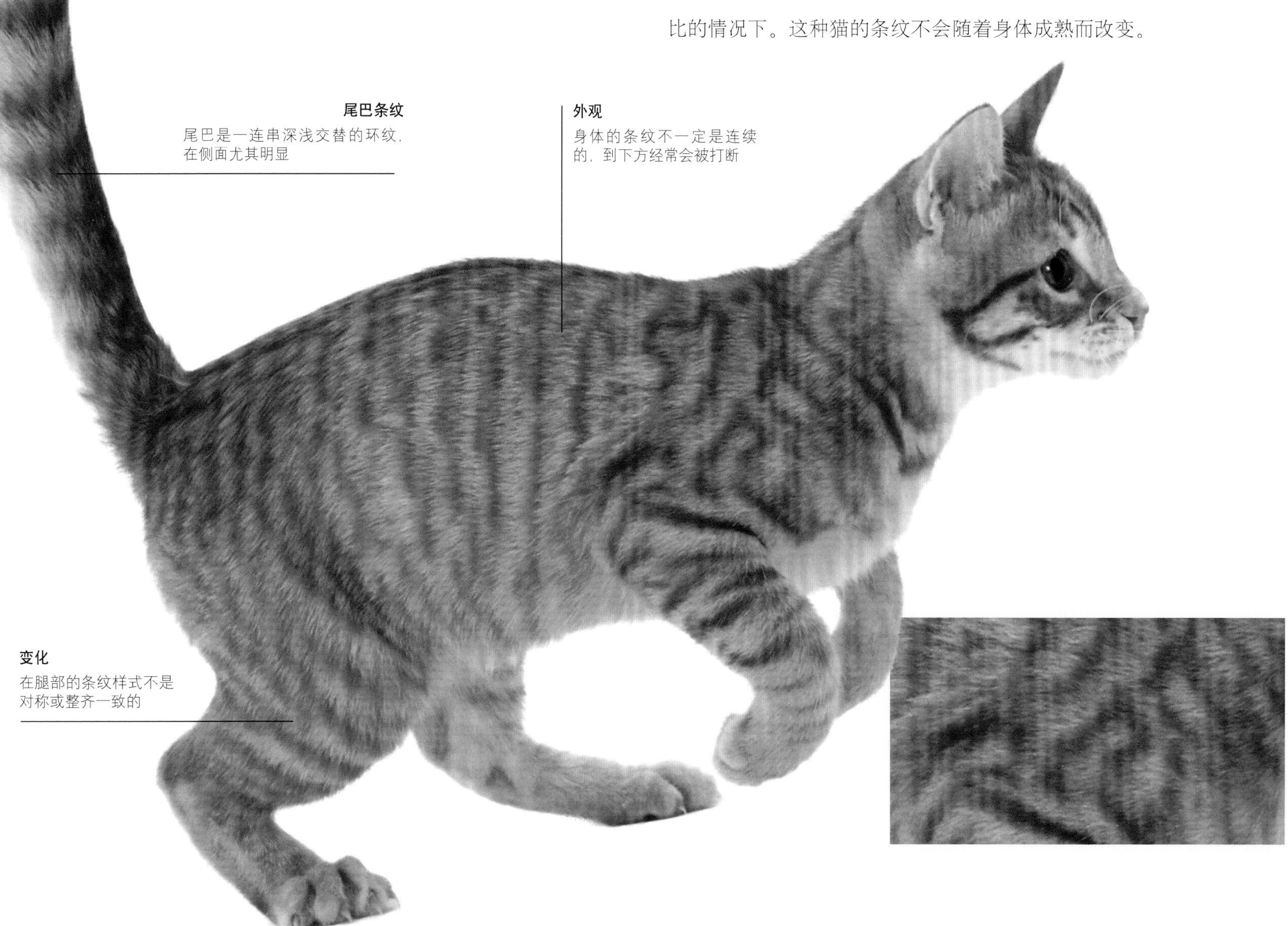

4. 斑点斑猫Spotted Tabby

据说首只斑点斑猫诞生在古埃及，这种花纹在野猫中也并不罕见。带斑点的家猫很多都是纯种的，这样的斑点在非纯种的猫当中并不多见。

概 要

- 令人印象深刻的外表
- 个性化的斑纹
- 斑纹很明晰
- 纯种的斑点斑猫更常见

溯源

斑点斑猫的斑点据信是受到鲭鱼斑猫基因的影响，把有特色的条纹打碎成一系列斑点，特别是在身体上。这些斑点的大小会有变化，没有严格的规律性，外形上略微有点拉长。身体其他部位的斑纹，譬如在头部、腿和尾巴的斑纹基本上就没有什么大的变化，还是条纹和圈纹，尾尖是深色的。就像别的斑猫品种那样，这种猫的斑纹在短毛品种中更加明显，特别是像东方猫那样没有浓密绒毛的短毛品种。

不同的个体

这里展示的银色斑点斑猫，因为在银色的底色上有着黑色的斑点而特别醒目，因此深受欢迎。但也有很多别的品种，在很多情况下，猫的斑纹仅仅是在底色上有着更深暗一些的反映而已，微妙的斑点图案在猫换毛的时候会变得更加不明显，但是终其一生，斑点的实际样式是稳定不变的。

5. 东方麻纹斑猫 Oriental Ticked Tabby

麻纹斑是目前能见到的三种猫斑形式之一，这种斑纹并不为某种猫所特有，而是能在各个品种见到的一种特别花纹。

概要

- 形象独特
- 麻纹有多种颜色
- 斑纹很个性化
- 可能完全没有斑纹

溯源

麻纹斑猫的变异效果很有特色，不容易被混淆。没有了斑块和条纹，从身体到四肢只留下些微痕迹，取而代之的是毛发上被称为“麻纹”的深浅交替的纹理，在猫活动的时候很明显。具有麻纹的猫也见于非纯种的猫，尤其是在东南亚，那里是新加坡猫（见 88 页）的诞生地。虽然在短毛猫当中的麻纹更加清晰，长毛猫当中也有麻纹斑猫，最有名的是索马里猫（见 101 页）。

不同类型

研究表明，麻纹斑猫是有别于其他斑点猫的完全分离突变。如果真是那样的话，在肉眼上就能把麻纹斑猫和别的斑纹猫区别开来。每一根毛发上都有 2 ~ 3 个颜色带，颜色最深的区域位于背部，在尾巴、腿和头上都能出现麻纹。在别的例子中，腿上的斑纹很个性化，使得猫很容易被识别，尾巴上的圈纹也会有所变化。

尾巴
背脊上的深色线条能沿着尾巴延伸下来

下体
体侧和肚子下面的毛色比背部浅，这只猫头上有瓜皮帽式的斑纹而不是清晰的“M”形花纹

腿部
这个部位可能有斑纹，但是在麻纹斑猫当中不是个固定不变的特征

6. 卡利科猫 Calico

卡利科猫的斑纹形式也被称为玳瑁色加白色（Calico一词，原意是几种颜色的混合色，按照国内猫粉的习惯叫法，直接音译成“卡利科”。译者注），完全是随机形成的。就像下面图片中的那只猫，白色的斑块从两眼之间一直延伸到鼻子周围。

概 要

- 独特的外观
- 纯种和非纯种都有
- 基本上都是母猫
- 通常不具有攻击性

溯源

非纯种的和纯种的卡利科猫最明显区别是后者的颜色更加明晰，体毛的黑色区域不掺杂白毛。卡利科色的颜色是带有红色和奶油色调，反衬着同样多变的黑白色。就像其他的玳瑁色品种那样，还不知道这种色型有没有公猫，并且当偶然出现繁育的情况时，是不是存在不育现象。这样的个体还是很健康和正常的，能成为很好的宠物。卡利科猫据说很长寿。卡利科猫有一系列品种，都是从不同形式的玳瑁纹猫当中变化而来，其中包括淡印花布色，其特点是蓝色和奶油色掺杂再加上白色。

花色

这些猫的外观具有高度的个性化特征，便于在一个区域中分辨不同的猫，你可以在老远就认出你的猫，而这在常规的斑纹猫当中就不易做到。跟短毛的品种比起来，长毛的卡利科猫斑纹就不太显著，这是毛发的性质决定的，长毛不够紧密，不同颜色的毛显得松散，这就导致色块界线看起来不够醒目。

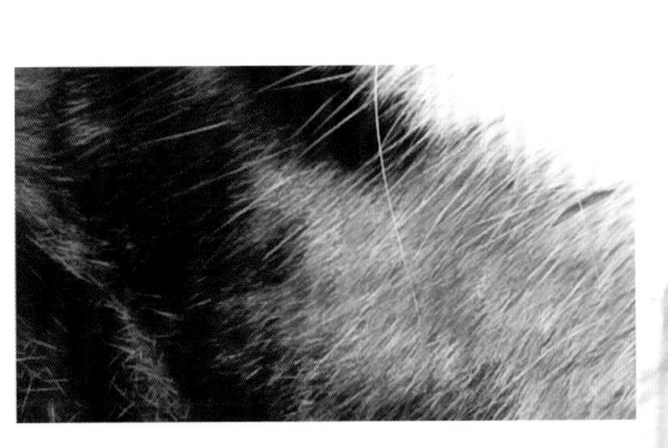

耳朵
耳朵边缘的黑色表示该部位的耳朵簇毛也是黑色的

变化
鼻子的颜色也会有变化，取决于鼻子周围毛发的颜色

下体
在胸部以白色的毛为主

7. 玳瑁色和白色猫Torbie and White

概 要

- 独特的花纹
- 通常都是母猫
- 热情友善的性格
- 容易识别

托比色（Torbie）和白色猫的说法其实就是玳瑁纹加白色猫的缩写形式（译者在此依然翻译成玳瑁色和白色猫），这些猫几乎清一色都是母猫，它们都有着玳瑁纹，在上面还叠加着虎斑纹。

溯源

玳瑁色和白色猫并不是特指某一种猫，而是一种斑纹形式，可以从美国短毛猫（见104页）到波斯长毛猫（见144页）等一系列猫的身上见到。玳瑁纹加白色的斑纹分布是随机的，这样的花纹也会在有虎斑纹的猫身上见到，虎斑花纹在这类猫生有白毛的区域看上去不明显，但是反映在虎斑猫具有其他颜色的部位上就能见到，经常能在前额、腿和尾巴上见到虎斑纹。玳瑁色和白色猫的相貌都是唯一和无法预测的，斑纹和毛色在出生后就已经形成固有特征，斑纹不会再有实质性的变化。

潜质

所有的玳瑁纹加白色的变化都可能出现托比色，运用东方猫（见63页）进行这样的育种就提供了很大的可能性，可以把肉桂色玳瑁纹加白色斑纹猫的颜色加到别的猫体色上。此外，这些猫能够同时兼有经典虎斑猫和鲭鱼斑猫的花纹，体侧还能有漂亮的斑块，以醒目的条纹表明它是经典虎斑猫的变种。理想的情况下，身体上白色的毛最好少一些，那样就不会隐去漂亮的身体花纹。

鼻子
颜色有变化，可以是略带黑色或者红色

尾巴混色
卡利科色（玳瑁色和白色）在此非常明显

腿部条纹
较深的红色条斑清晰可见

8. 暹罗猫Siamese

暹罗猫是所谓的色点猫当中最有名的代表品种。单词“点（points）”的意思是指身体的某些部位，脸、耳、腿、足、尾，这些部位的体色比身体其余部位的体色更深。

概 要

- 最爱叫的猫之一
- 有性格的伴侣宠物
- 有多种毛色
- 喜欢攀爬

溯源

暹罗猫的名字来自于它的发源地，这种猫首次被记录是亚洲东南部国家泰国，以往人们所称的“暹罗”。新生的暹罗猫幼崽是白色的，但是在几天后，那些“点”（指身体某些部位）上的颜色就会逐渐显现和强化。这个特征跟温度相关，这些深色部位的温度要略微低于身体当中的温度。把一条腿包裹起来会影响它的体色，因为该部位温度升高，会导致被包扎部位的体毛比其他深色部位的体毛颜色更浅。在年龄较大的暹罗猫中，因为身体循环功能减弱，排除潜在因素的影响，会导致身体的颜色看起来更深一些，在体侧会表现得更明显，表示身体温度比起幼猫来更低一些。

性格

暹罗猫是非常活泼和好动的猫，在室内给它一块猫抓板会很有用，否则精力过剩的猫就会试图爬到窗帘上而造成破坏，记住要妥善收好你的贵重物品！暹罗猫情感丰富外露，具有真正的外向型性格。共有四种传统毛色，分别是蓝色点、淡紫色点、海豹色点和巧克力色点，而近年来还记录到其他毛色，如红色点。

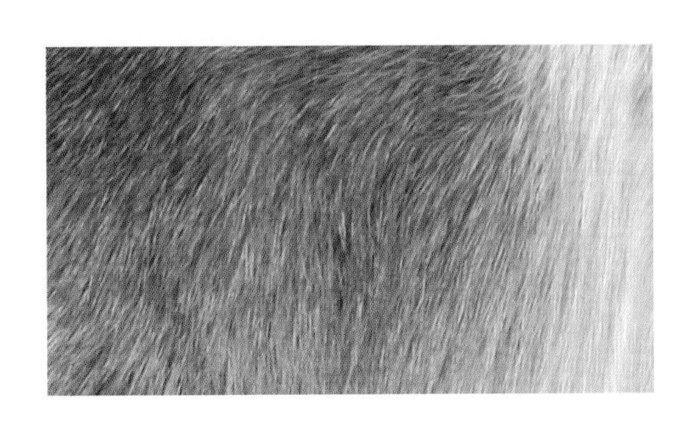

9. 钦奇拉波斯猫Chinchilla Persian

钦奇拉波斯猫别具一格的毛色源自于它的毛发外层长长的针毛尖端的深色。色彩的对比不仅仅是深色针毛和身体其余部位浅色针毛的对比，也和浅色的贴身绒毛形成对比。

概 要

- 闪亮的外表
- 放松和友好的性格
- 迷人的眼睛
- 需要每天梳理

溯源

钦奇拉波斯猫的名字来自于南美洲的一种有着昂贵价格皮毛的钦奇拉鼠（钦奇拉鼠学名毛丝鼠，俗名龙猫，国内引进作为宠物饲养。译者注），这种啮齿动物具有类似皮毛。在钦奇拉波斯猫中，毛发上闪闪发亮的效果来自于其深色的毛尖，在整根毛发上仅占很短的长度，覆盖在身体的上部，包括头、背和尾，还有身体两侧。相反地，下体从下巴到胸口再到腹部的区域都是纯白色的，也包括后腿跗关节以下的部位，都没有发亮的毛尖。这种猫没有任何条斑痕迹或奶油色。

迷人的眼睛

钦奇拉波斯猫因其眼睛而增色，眼睛可以是翡翠色或者蓝绿色。眼睑上的黑色素沉着就像化妆的眼线那样，将眼睛衬托得更加有神；对比之下，鼻子是粉色调的，也有黑色边缘勾勒出轮廓线。从总体的体型看，钦奇拉波斯猫要比其他波斯猫的品种更加小巧一些。它们需要每天常规的梳理，不仅仅是为了防止毛发纠结缠绕，也是为了尽量不让毛发在家里掉落得到处都是。

10. 隐银色猫Shaded Silver

乍看之下，你也许不会觉得这种猫的银色调跟对页的钦奇拉波斯猫有几分相似，但是它确实也是“毛尖有色”的品种，只不过在这种猫中，有颜色的毛尖分布面积更广，毛尖颜色延伸更长。

概 要

- 吸引人的毛色
- 长毛品种和短毛品种都有
- 特别的外貌
- 带有斑纹猫的血统

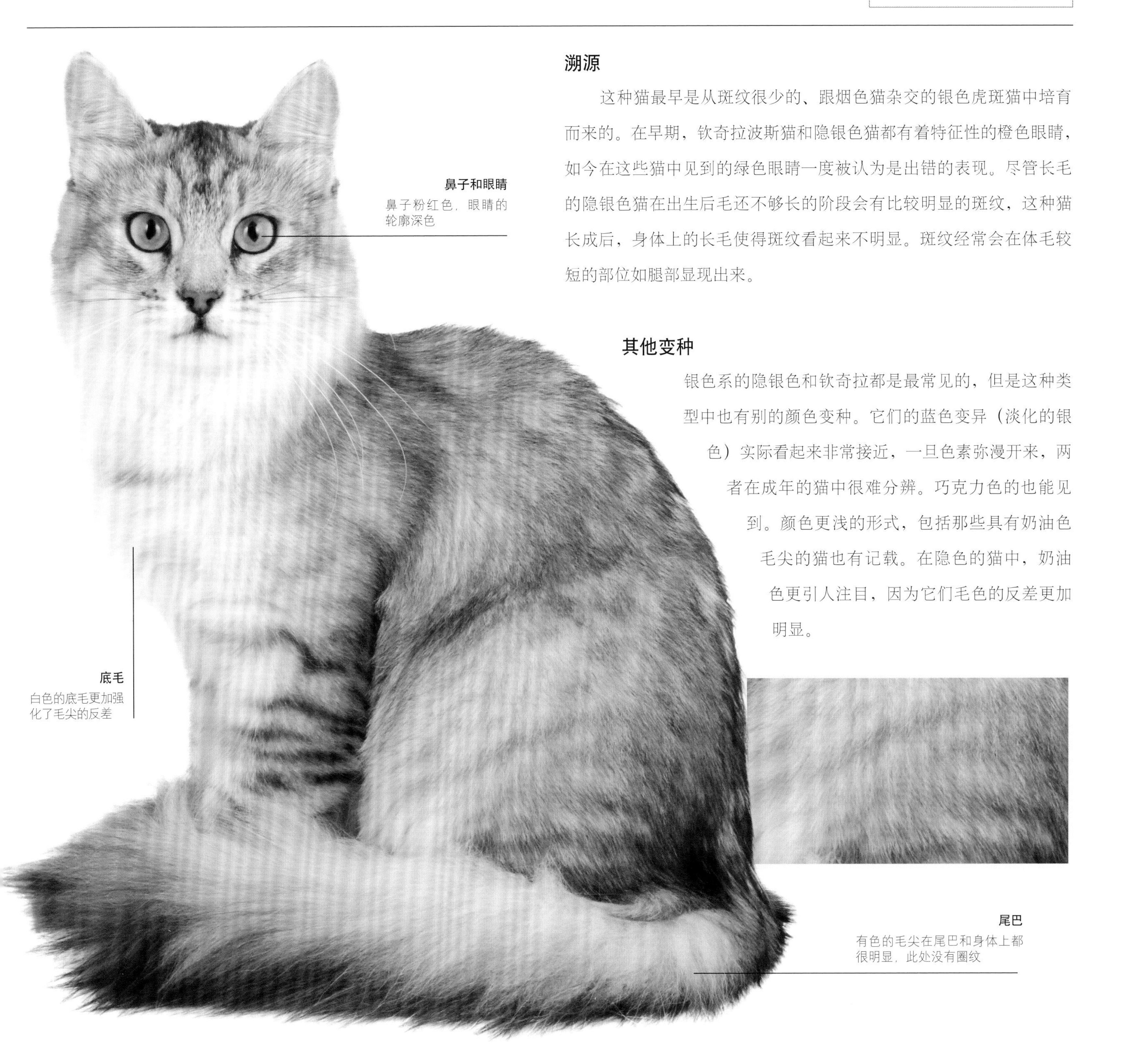

鼻子和眼睛
鼻子粉红色，眼睛的轮廓深色

底毛
白色的底毛更加强化了毛尖的反差

尾巴
有色的毛尖在尾巴和身体上都很明显，此处没有圈纹

溯源

这种猫最早是从斑纹很少的、跟烟色猫杂交的银色虎斑猫中培育而来的。在早期，钦奇拉波斯猫和隐银色猫都有着特征性的橙色眼睛，如今在这些猫中见到的绿色眼睛一度被认为是出错的表现。尽管长毛的隐银色猫在出生后毛还不够长的阶段会有比较明显的斑纹，这种猫长成后，身体上的长毛使得斑纹看起来不明显。斑纹经常会在体毛较短的部位如腿部显现出来。

其他变种

银色系的隐银色和钦奇拉都是最常见的，但是这种类型中也有别的颜色变种。它们的蓝色变异（淡化的银色）实际看起来非常接近，一旦色素弥漫开来，两者在成年的猫中很难分辨。巧克力色的也能见到。颜色更浅的形式，包括那些具有奶油色毛尖的猫也有记载。在隐色的猫中，奶油色更引人注目，因为它们毛色的反差更加明显。

伯曼猫

这类型的猫适合那些希望拥有一只可以跟主人有很多时间腻在一起的、感情很深的宠物的人群。

喜欢黏人的猫

所有的猫都是充满感情的，但是有一些品种显得比别的猫更依赖人，专门培育特别友善气质的猫品种还是不久以前才开始的。这不仅仅是品种的问题，绝育措施也很重要，这使得你的猫比较不容易出去游荡，特别是公猫，喜欢在附近游荡得很远，还可能跟别的猫发生争斗而受伤。适宜进行绝育手术的年龄因品种而异，譬如有些暹罗猫（见 86 页）成熟得比较早，母猫在四个月大的时候就能够成功交配。大多数猫发育成熟的年龄平均是 6 ～ 9 个月。

当你的猫逐渐变老，不再喜欢趴在你膝头休息的时候，你可别感到奇怪。你会注意到当让它在你身上休息的时候感到勉强，特别是不会长时间赖在你身上，而宁可睡在你身边。这反映出它的脊椎不像以往那样灵活了，趴在人的身上可能会不很舒服。你可以试试放一个软垫在你的膝盖上，这会有所帮助，能让猫趴着舒服一些。

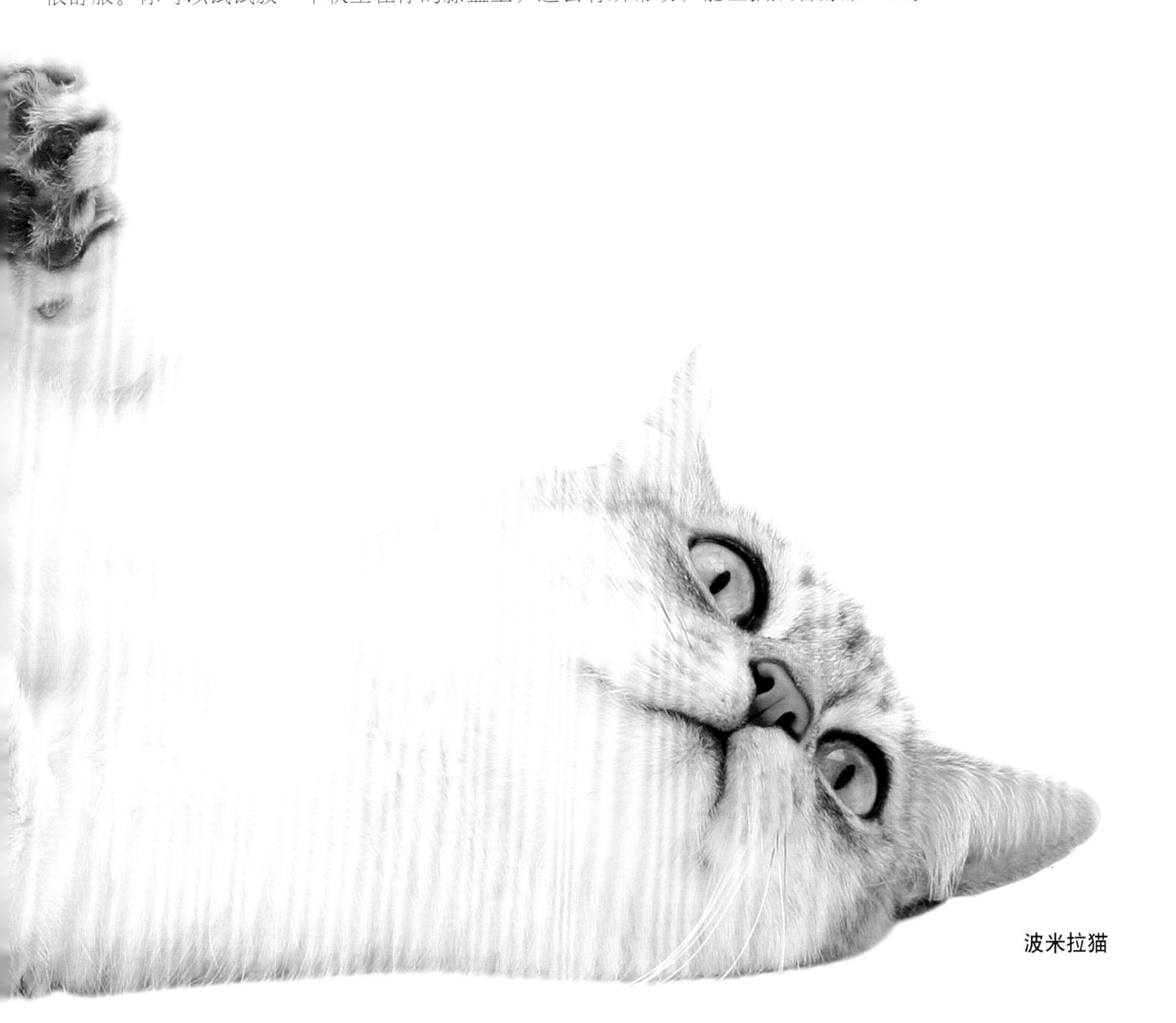

波米拉猫

1. 阿比西尼亚猫Abyssinian

阿比西尼亚猫聪明、情感丰富、适应性强，是很好的伴侣宠物，它们具有吸引人的优雅外貌，身上的短毛表示着不需要为梳理而费心。这些猫能很好地适应家居环境，不会给家里的小孩和犬造成困惑。

溯源

这种猫的名字起自于非洲国家阿比西尼亚，即如今的埃塞俄比亚。第一只阿比西尼亚猫见于欧洲，名叫祖拉，是由一个在英军中服役的士兵带来的，通常认为这种猫的发源地是埃及北部的某个地方，后来在英国得到进一步培育。这种猫参加了1871年在伦敦附近的水晶宫举办的最早的猫展。当时的猫在腿上还残留着斑纹，在后来的选育中才逐渐消失。早期的阿比西尼亚猫还有明显的耳部簇毛，显示出它是来自异域的种类。

品种培育

这种猫的传统毛色在英国被称为“常规色”，在美国则被称为“红棕色”，那是一种色调饱和的金棕色，底毛偏红棕，有黑色毛尖。如今创造出一系列新的色型，包括蓝色、黄褐色、巧克力色以及淡紫色，还有相当于银色品种的蓝银灰色。阿比西尼亚猫会受到猫科白血病(FeLV)感染的严重影响，多亏了如今有疫苗可以在所有的猫中使用，从而有效预防这种无药可救的致命疾病的威胁。

	特征、特性	备 注
简述	品种有很多毛色变化，幼猫很容易得到	幼猫的体型通常不大
个性	活泼好动	吵闹
相貌	异域容貌特征明显，尤其是那些具有耳簇毛的品种	
在家表现	适应性好，喜欢待在家里	
行为	是很好的家养宠物，单养或作为家庭一部分都行	通常跟犬相处融洽，但不能放任它跟小宠物和鸟放在一起
美容	皮毛光滑，基本上不需要打理就很整洁	
常见健康问题	较易患猫白血病（FeLV），抵抗力较弱	疫苗可以有效抵御这种致命感染

概 要

- 敏感、友善的脾气
- 对人亲近
- 没有条纹的品种
- 有很多种毛色

2. 伯曼猫Birman

伯曼猫的身世带有点神秘色彩，但它是一种很好的伴侣宠物，适合家养的环境。由于缺乏浓密的底毛，这种长毛品种的美容修饰并不困难。

概 要

- 引人注目的蓝眼睛宠物
- 温和，恋家
- 忠诚的性格
- 整齐的斑纹

	特征、特性	备 注
简述	来自亚洲的稀有品种，基本上在西方培育成型	差不多要2年的时间，身上的毛色才会明显起来
个性	友好的性格，能跟家人建立起紧密的关系	
相貌	具有色点，毛长适中，前后足上都有白色	要培育有理想花纹的品种很困难
在家表现	虽然是东方猫种，并不吵闹，容易相处	
行为	不是特别喜欢捕猎行为，但喜欢追逐玩具	通常跟犬相处融洽
美容	每周需要梳理几次，特别是在换毛季节	
常见健康问题	伯曼猫的肾脏比一般的猫小一些，易患肾病	

溯源

在其故乡缅甸，伯曼猫的祖先被养在寺庙里，它们被认为是僧侣死去后的转世化身。20世纪20年代中期，有两个欧洲人因为帮助“老村（音译）寺”抵御外来进攻而获赠一对伯曼猫。只有母猫活着到达了欧洲，产下了两只幼猫。后来所有的伯曼猫据说都是这两只猫的后裔，几乎可以肯定，其他外来种的杂交壮大了它的血缘。近年造访西藏的爱猫人士称，他们在那里见到了类似花纹的猫。

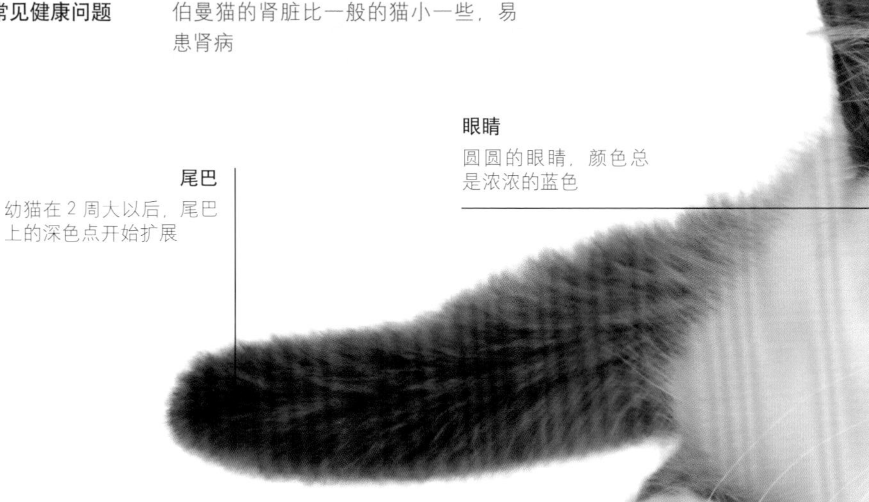

脚
颜色最深的地方正好位于“手套”上方

体纹和毛色

伯曼猫前爪的白色被称为“手套”，而后腿的白色区域扩展得更多，一直延伸到跗关节一线，后腿的白色也被称为“长靴”，也是对称的。多年来只有海豹纹的伯曼猫被认可，后来出现了蓝点品种，通过跟长毛波斯猫的杂交产生了这种毛色。有很多变种在后来被培育出来，但并不是所有的变种都能被猫展所认可的。

3. 英国短毛猫British Shorthair

英国短毛猫在世界各地都有爱好者，这要归功于它们友善、容易相处的脾气。亮丽的外表也使得它们成为各类猫展上的常客，它们性格温柔，相对安静，不爱吵闹。

概 要

- 可爱的大猫
- 皮毛容易照料
- 多种毛色可选
- 脾气好

溯源

在19世纪下半叶，当猫展刚刚开始的时候，那些培育猫的人致力于从普通的街头猫当中培育变种用以参展，他们倾向于培育本色的猫，身上不能有白斑，还试图通过跟长毛波斯猫杂交来获得更大体型的猫。通过杂交，新的色型也被创造出来，巧克力色和肉桂色是在英国短毛猫当中最新培育出来的色型。英国短毛猫的色点型也在近年被培育出来，色点形态传承自喜马拉雅猫的群体。尽管它们的样子看起来有了很大的不同，英国短毛猫依然保留了普通非纯种猫的气质。

述评

英国短毛猫具有活泼的天性，适应性非常强，可以养在公寓里。这种猫的学习能力很强，这就能解释为何它们能经常在商业广告和电影中露面。英国短毛猫经常被描述成机灵活泼，它们是敏锐的观察者，会跟在你周围，看你在做什么。它们沉静的脾气令它们能很好地适应有小孩和犬的家庭。如果有两只幼猫从小就开始养在一起，它们会在一个家庭里建立起很紧密的关系。

	特征、特性	备 注
简述	胖胖的很好看的猫，很乐意独处	
个性	可靠、友善、温和，富有感情	很理想的家庭宠物
相貌	由街头的猫培育而成的矮胖大猫	有多种颜色和形态可选
在家表现	喜欢经常到户外活动，适应性很强的猫	公猫体型大于母猫，下颚在脸上更明显
行为	安静，性格不是特别外向，但喜欢被关注	
美容	需要时常梳理体毛以保持整洁	当猫换毛的时候需要频繁的梳理，以防止体毛纠结
常见健康问题	这种猫时常会患肥厚性心肌病（HCM）	可能会有遗传方面的问题

脸形
大而圆的脸，相对较小的耳朵

体毛
浓密的毛需要略微打理以保持整洁

毛色
这是一种代表传统色的蓝色型

4. 异种短毛猫Exotic Shorthair

异种短毛猫又被称为“加菲猫”，是英国短毛猫和长毛波斯猫故意杂交的结果。异种短毛猫基本上是一种兼有两者气质，但美容打理起来不像长毛波斯猫那样繁琐的种类。

概 要

- 生来即有多种毛色
- 毛发打理较容易
- 友善而温和
- 特别的脸部轮廓

溯源

把这两种猫进行杂交的初衷是为了使英国短毛猫的体型更大，而保持它们的物理外形，或称之为“类型”不变，然而很多杂交种的后代看起来不再像英国短毛猫了，不是它们的脸长得跟波斯猫太像了，要不就是它们的毛太长，在形态上跟英国短毛猫不一样。它们的样子长得还不赖，而且对于那些将来的饲养者而言，不需要像波斯猫那样在打理毛发上多费心。因此，这些猫拥有很多喜爱者，最早是在北美，后来热潮席卷全球，不仅仅是因为它们的外貌，还因为它们具有的好气质和爱家的天性。

	特征、特性	备 注
简述	很酷的外表，这些猫实际上就是短毛的波斯猫	由英国的英国短毛猫培育而来
个性	慵懒、安静、脾气好，喜欢被拥抱和抚摸	
相貌	扁扁的脸部轮廓像波斯猫，但毛较短	
在家表现	恋家，在户外也很少有捕猎欲望	
行为	鉴于其友好的天性，是极佳的居家宠物	
美容	不像波斯猫那样需要经常打理，但也不能忽视毛发梳理	毛发要比典型的短毛猫更浓密一些
常见健康问题	由于泪腺畸形，脸上常有泪斑	在眼角靠近鼻子的毛发上会有泪斑

体毛

异种短毛猫的毛发质地是柔软的，发展出长毛波斯猫的特点，而毛茸茸的特点则是继承自英国短毛猫。这些猫浑身上下的毛在长度上不及传统的短毛猫，但也不像长毛猫那样飘逸，异种短毛猫如今产生了很多的变种，不仅仅有本色（固有色）的，还有带条斑的（如图所示），以及烟色和双色的。

面部特征
扁脸和塌鼻反映出它们具有波斯猫的血统

尾巴
相对较短而粗

四肢
短而有力的腿，大而圆的爪

5. 波米拉猫Burmilla

这是第一种按照官方要求的"具有良好气质"的判断标准，专门培育出来的特别品种。波米拉猫是很引人注目的猫，它们成为极佳的伴侣宠物是不足为奇的。

概 要

- 漂亮的毛色
- 非常好的气质
- 颜色丰富
- 梳理很容易

圣甲虫花纹
在头部的两眼之间有着典型的颜色较深的"M"形斑纹

眼睛
眼睛圆而有神，颜色有绿色到金色的多种变化

缺乏体纹
身体上没有明显的条纹和斑纹

溯源

波米拉猫的出现是个偶然，是1981年的一次没有事先计划好的，把钦奇拉波斯猫（见40页）和淡紫色缅甸猫进行杂交的结果，诞生了四只黑色中带有银色晕的幼猫，都有着短而密的毛，这个品种的名字最终由它们的亲本，缅甸猫和钦奇拉波斯猫的名称组合成"波米拉"这个新名称。这些猫没有缅甸猫那样活泼，比钦奇拉波斯猫更爱叫。波米拉猫好动而重感情，性格出奇的温柔。作为伴侣宠物，很少有别的猫像它们那样多才多艺，无论是陪伴各个年龄段的单身族，还是作为家庭的一员都很适合。这些猫热衷于被关注，跟人的关系亲密。

相貌

波米拉猫的毛色既可以是晕色也可以是毛尖色，取决于色素在毛发上延伸的程度，这使得它们有一种闪闪发亮的外表。这种特性遗传自钦奇拉波斯猫的血统，尽管有着缅甸猫的血统和短毛，这种猫最终还是被归入亚洲猫系，生来有可能是常规毛色或闪银光色。

	特征、特性	备　注
简述	并不是很容易从幼猫的模样来预测成年后的样子	
个性	很放松，更像缅甸猫，不只是在膝盖上玩的猫	
相貌	纹理相当精细和不同一般	波米拉猫的外形有个体差异
在家表现	渴望陪伴，学习能力强，适应日常生活	非常好的伴侣宠物，尤其适应主人整天在家的情况
行为	天性好动，喜欢追逐小球，很愿意被关注	好奇心强，喜欢到处探索
美容	喜欢被梳理，但不需要很频繁	
常见健康问题	会得多囊性肾炎，但并非广泛性的问题	

6. 美国卷尾猫American Ringtail

尾巴长度的变化在很多种猫当中都能见到，但这种猫特别之处是尾巴的形状，它总是很典型地卷曲着。美国卷尾猫如今是稀少的品种。

概 要

- 新品种
- 与众不同的尾巴
- 很友善
- 有各种毛色

溯源

它们的起源可以追溯到1998年在加利福尼亚北部的圣弗兰西斯科湾地区发现的一只短毛流浪猫。这只起名叫“所罗门”的猫由它的救助者苏珊·曼莉一手养大。所罗门的尾巴显得与众不同，靠近尾根的三分之一是向上竖起的，然后向前松散地弯向背部。所罗门的样子跟伯曼猫相似，前爪有白毛，后腿的白毛扩展面积较大，它通体的毛色是蓝色，尾巴上有隐隐的斑纹，胸口有白斑。所罗门所生的第一只猫诞生于2004年1月，经过宠物兽医检查，确认幼猫很健康。

	特征、特性	备 注
简述	尾巴形态有着特别之处，特别的是尾巴的活动方式	起源于美国西海岸，如今非常罕见
个性	友好，感情丰富，反映出它的普通家猫的血统	跟布偶猫杂交将强化它的慵懒气质
相貌	尾巴前端像一个圈。如今培育出长毛的品种	
在家表现	没有特别的要求。布偶猫的血统使得这些猫更加恋家	
行为	活泼，喜欢待在家里，适应性很强	
美容	短毛种无需要很多打理，长毛种则要多费心	
常见健康问题	无记录。这猫的脊柱和髋部都很健康	

谈谈尾巴

宠物兽医对所罗门不寻常的尾巴进行了研究，结论是它不存在任何脊柱异常的疾病，实际上它很健康，尾巴并没有弯曲不变，如果愿意的话，它可以伸展尾巴。尾巴的灵活性来自于尾根高度发达的肌肉，这就是为什么它的尾巴根部比别的猫更粗一些的原因。

7. 布偶猫Ragdoll

作为一种可以放在身上玩的猫，布偶猫是最为人所熟知的。它最早诞生于美国的加利福尼亚，如今已广泛被世界各地的人所饲养。布偶猫平和的性格即使在户外也是如此，不会去攻击野生动物。

概 要

- 相当温柔
- 容貌可爱
- 有不同色型
- 体型较大

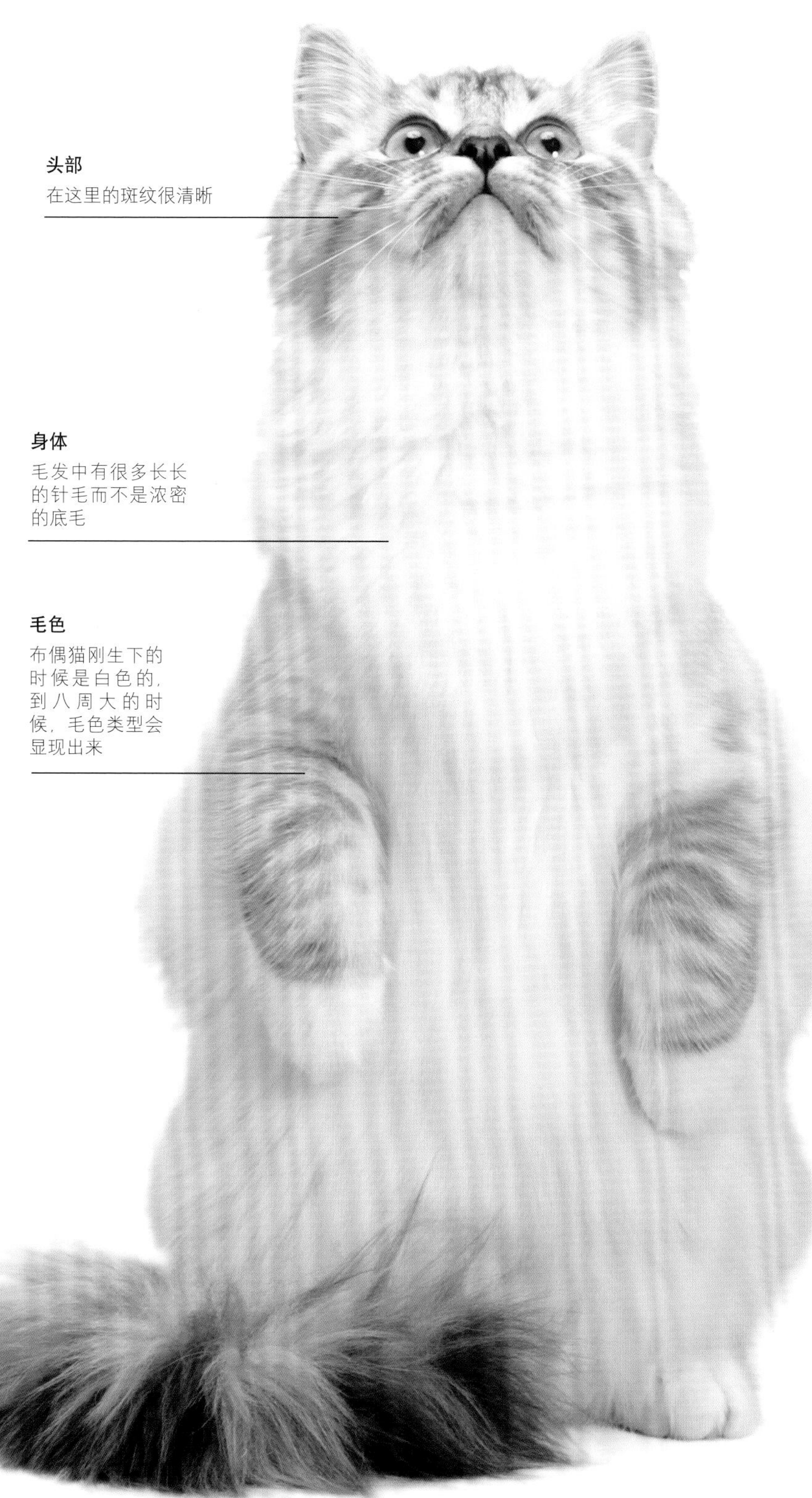

溯源

第一只布偶猫的诞生有着传奇的经历。它们的“母亲”是一只名叫“约瑟芬”的白色长毛猫，它可能是波斯长毛猫或者安哥拉猫，在幼猫出生前遭受了一场事故，所幸它和它的幼猫都幸存了下来。所有的幼猫都异乎寻常地温顺，这让猫的主人安·贝克尔认为可能是母猫遭受了事故的原因，使它的孩子们都丧失了痛觉。尽管这样的推断缺乏依据，但这个想法引起了公众的关注，大家都对这个新品种的猫产生了兴趣。

样式

这种猫共有三类变种，分别是色点型、手套型、双色型。一眼就能把手套型从色点型中加以区分，因为其脚爪上有独特的白色区域，和周围的深色毛反差明显；腹部是白色的，两眼之间可能会有延伸的白斑。很容易将这种猫和具有相似的断续点斑毛色的伯曼猫区分开，只因为布偶猫在下巴上有白毛。布偶猫发育缓慢，完全成熟需要3～4年，到那时它们的毛发看上去才会达到最佳的状态。

	特征、特性	备 注
简述	幼猫很萌很可爱，最终会长成大块头	身上的特征毛色要在八周左右才会显现
个性	懒散、平和、友善，不会抵触被抱起来	单身家庭和大家庭均合适
相貌	有三个品种可选，毛色多样	大的成熟公猫能长到9.1千克以上
在家表现	理想的伴侣宠物，在家很安稳，不会想着溜出去游荡	
行为	没有攻击性趋向，很乐意待在家里	
美容	每周理毛2次，但是体毛不会纠结	
常见健康问题	对猫科肥厚型心肌炎敏感	

8. 褴褛猫Ragamuffin

褴褛猫也叫“步履阑珊猫”，这些猫和布偶猫的亲缘关系很近，是从同一个血统中分离出来的，它们在脾气上也很相似，但没有布偶猫那么有名。作为一种大型的猫，要到四岁才会完全成熟。

概 要

- 很友善的大猫
- 喜欢玩耍
- 跟人的互动性强
- 抱起来的时候很放松

溯源

在布偶猫问世后，它的培育者安·贝克尔用这个名字进行了注册，她建立了由她自己注册登记的国际布偶猫协会（IRCA），想防止这种猫被通过主流的品种登记而成为其他猫展的认可品种。1994 年，一批布偶猫的繁育者决定打破这样的限制，由于他们所育的猫不能再使用关于布偶猫的描述，他们决定给猫重新起名为褴褛猫。这些爱好者把他们的猫跟别的猫，包括长毛波斯猫和喜马拉雅猫进行了一系列的广泛的杂交改良。

品种现状

跟布偶猫比起来，褴褛猫的一个最明显的区别是存在更多的色型。事实上，这种猫基本上不存在毛色的限制，有些特定的品种（如白色型），要比别的色型更抢手。大量的努力被放在对这些猫的友善和社交能力的培育上，它们会通过“喵喵”声和“咕噜”声与主人进行交流。

	特征、特性	备 注
简述	很温和、友善的品种，跟布偶猫的血缘关系很近	
个性	放松、平和，不考虑体重的话，抱起来把玩不困难	
相貌	有各种毛色和纹理，成熟后体型很大	
在家表现	理想的家庭宠物，跟小孩和犬相处和睦	温顺的习性使得它可能会在户外被邻里的猫欺负
行为	喜欢玩耍但要求不高，有时候比较吵	
美容	每周需要 2 ~ 3 次的梳理和刷毛	春天会换掉冬毛，届时需要更多的梳理
常见健康问题	虽然是长毛种，毛发没有缠结的困扰，但容易起球	毛发纹理有点像兔毛

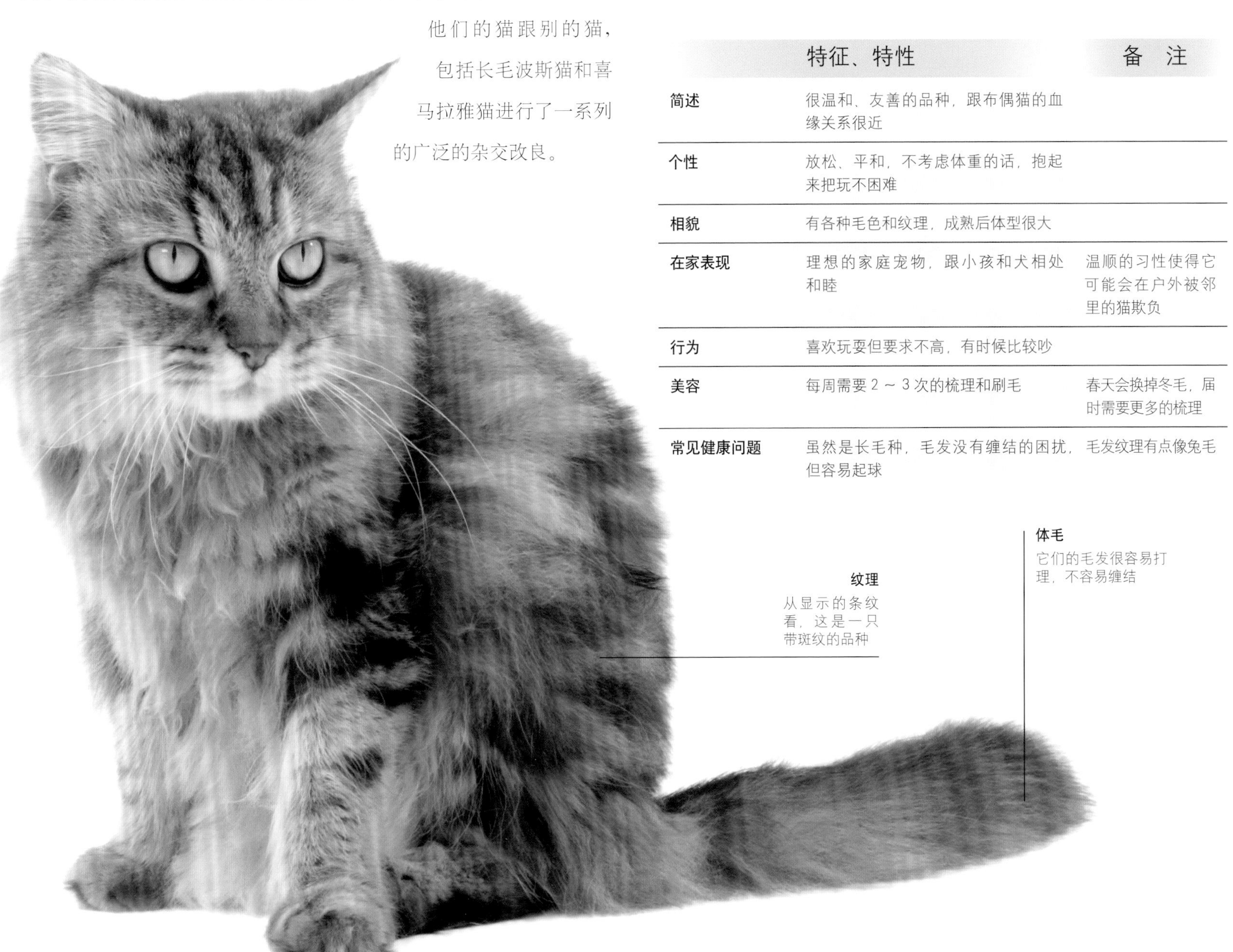

纹理
从显示的条纹看，这是一只带斑纹的品种

体毛
它们的毛发很容易打理，不容易缠结

9. 苏格兰折耳猫Scottish Fold

可爱的外貌加上友善的性格，使得苏格兰折耳猫成为很受欢迎的宠物，尤其是在北美地区，它们经常被培养成用于展示的品种。图上的这只猫是短毛品种的样板而非长毛种。

概 要

- 弯折但能动的耳朵
- 很像英国短毛猫
- 温柔，亲近人
- 安静而多情

溯源

这种猫的起源是1961年在苏格兰佩思郡靠近库珀安格斯附近农场出生的一窝幼猫中的意外变异。一个名叫威廉·罗斯的牧羊人得到一只白色幼猫“苏西”，现今所有苏格兰折耳猫的血统都能追溯到它的身上。令人伤心的是，它在早年死于一场汽车碰撞事故，车祸发生前不久它生下一只折耳的幼猫，取名“斯诺克斯”，由其延续了折耳的血统。苏格兰折耳猫在最初饱受争议，主要是担心这种猫有耳聋的毛病，后来证明这种情况并不存在，但它们会有比一般猫更多的耳垢。

	特征、特性	备 注
简述	不会搞错的外貌，具有各种颜色和纹理	折耳和非折耳的同一窝幼猫刚出生的时候耳朵都是直立的
个性	情感丰富，适应性强，有比较平和的性格	
相貌	独特。体型像英国短毛猫，但耳朵是弯折的	就跟英国短毛猫一样，公猫的体型大于母猫
在家表现	在家表现良好，也喜欢出门	
行为	性格安静，经常喜欢仰躺而不是侧卧休息	
美容	每周大约刷毛1次，换毛季节刷毛要更勤快一些	
常见健康问题	折耳猫不能在一起配对，否则有骨骼畸形的问题	要跟非折耳的猫配对

对品种的认识

人们很快就知道，把一只苏格兰折耳猫和一只常规耳朵的猫配对，会有一定概率得到折耳的幼猫，确定这是一种显性突变。两只都具有折耳的猫不能配对，否则其后代可能会有关节畸形的问题，因此折耳猫只跟耳朵正常的猫配对。在英国，折耳猫曾一度被禁止繁殖，而它们的数量在美国得到扩展，英国短毛猫和美国短毛猫被作为远缘交配的对象，以增大这种猫的体型。

10. 索马里猫Somali

概 要

- 聪敏机灵的猫
- 长毛型的阿比西尼亚猫
- 颜色斑的纹理
- 生来就有各种毛色

多年来对于这个品种的存在一直有很大争议。那些饲养阿比西尼亚猫的人都不太愿意接受一窝幼猫中偶尔出现的长毛个体，而如今索马里猫已经被广泛认可，种族得到繁衍。

溯源

已经没有谁能够确定长毛的基因是什么时候进入到阿比西尼亚猫的血统当中去的，这可能是早在 20 世纪 20 年代的巴厘猫参与杂交的结果。就像阿比西尼亚猫的情况一样，这种猫最传统的毛色是常规色，或称红棕色；酢浆草色更浅一些；蓝色型的猫在下体是燕麦粥色。迄今为止，共有 28 个索马里猫的不同品种被培育出来。

	特征、特性	备 注
简述	这是阿比西尼亚猫的长毛型	
个性	友善，聪明，活泼，是很好的伴宠	
相貌	色块纹理，腿上有条纹，没有项圈纹	通过多代选育产生无条纹的纯色品种
在家表现	喜欢探索，但也很富有情感	
行为	性格安静，敏捷，是合格的猎手	
美容	在冬毛脱换的春天要经常梳理毛发	换毛季节会在短期内大量脱毛
常见健康问题	常有牙齿问题和代谢疾病——丙酮酸激酶缺乏症（PKDef）	带有 PKDef 症基因的猫可以通过 DNA 检查确认

毛色

索马里猫特别的外貌是具有个性化的毛发片段颜色作用的结果，由于它们的毛发比阿比西尼亚猫的毛发长许多，这就有了在毛发上产生更多颜色带的可能。至少有 6 种，甚至可能多达 14 种的颜色带在毛发的根部和尖端对毛色的形成起着作用。在身体的不同部位，譬如尾巴尖端，其显现的毛色效果决定于色带的分布。幼猫要长到三个月左右的时候，其毛色特征才会显现出来。

本章中介绍的猫适合家中很宽敞，有活动时间，有户外安全场地供宠物玩耍的人群。

蓝奶油色猫

玳瑁纹猫

精力充沛的猫

所有的猫都很活跃，尤其是未成年的幼猫。它们有时会兴奋地跑来窜去，跳上家具，一旦开门就会冲出家去。这些突然表现出精力旺盛的情况会发生在幼猫睡醒后，或者遇到天气不佳幼猫不情愿出门的时候。在户外的花园里，它们也会有类似的行为，四处乱跑，蹿到树上。

它们成年后会变得不太顽皮，但在本章中介绍的这些猫要比别的猫需要更多的活动机会，这意味着它们不适合长时间呆在家里。把它们单独列出来的重要指标是它们相对健硕的体格。

作为精力高度充沛的猫，如柯尼斯卷毛猫和波米拉猫是非常喜欢玩耍的。它们生性活泼，充满好奇心，提供玩具会非常有助于它们消耗过多的精力。有的猫甚至会自娱自乐——在地板上拍打一只小球，然后去追逐小球。

双色东方猫

1. 缅甸猫Burmese

缅甸猫又被称为〝巴密兹猫〞。这种最早见于缅甸、泰国和马来西亚的亚洲猫种如今已经很常见了，其在欧洲的血统跟在北美的血统略有不同。缅甸猫天性敏捷，情感丰富，是很吸引人的伴侣宠物。

概 要

- 爱玩耍
- 很爱叫
- 有多种毛色
- 体毛光滑

溯源

虽然缅甸猫在亚洲被饲养已经有很多世纪，但直到1930年，第一只缅甸猫的品种样本才被进口到美国，而且被不正确地当成深色暹罗猫，将该猫带去的汤姆森博士称其为“王猫”（英文 Wong Mau，疑为东方语言的谐音。译者注）。他对大众的看法不以为然，出示了一份精心的育种方案以表明它和暹罗猫不是一回事。“王猫”和自己的一个后代回交后产生了一只颜色更深的猫，具有了如今的缅甸猫所具有的那种传统毛色。

后续进展

这种猫的欧洲血统也是从“王猫”衍生出来的，但它们走的是另一条途径，暹罗猫（见86页）的杂交在育种过程中占到很大比重。跟北美的圆脸品种比起来，欧洲品种的头部轮廓更加棱角分明，眼睛也更像暹罗猫。在毛色上也有所不同，欧洲的缅甸猫中加入了红色体毛的基因，意味着不仅有红色品种，而且还见到诸如奶油色那样其他颜色的品种。

	特征、特性	备　注
简述	很可爱的幼猫能长成情感丰富的大猫	
个性	重感情，能很好地融入家庭生活	
相貌	如今欧洲的缅甸猫和北美的缅甸猫有所不同	在北美的猫秀中，欧洲缅甸猫被列入不同的类型
在家表现	外向，好动，挺爱叫。不喜欢被冷落	
行为	喜欢运动，爱攀爬。很乐意做游戏，追逐玩具	
美容	需要基本的梳理。经常的抚摸能使毛发看起来更光滑	在家里提供猫抓板
常见健康问题	会患上〝樱桃眼〞	通过手术加以治疗

眼睛
它们可以有黄色到金色的变化，蓝色的缅甸猫会有颜色偏绿色的眼睛

体毛
缅甸猫传统的深色毛色也被描述成紫貂色

脚爪
很有力，能很好地抓东西

2. 安哥拉猫Angora

安哥拉猫和土耳其安哥拉猫（见134页）不是同一个品种，它是从东方猫的品种中培育出来的，体格健硕，性格活泼，能很好地跳跃和攀爬。

概 要

- 喜欢运动
- 多种毛色
- 梳理简便
- 脾气友善

	特征、特性	备 注
简述	有很多颜色和纹理的品种可供选择	体毛光滑，突出了毛发纹理
个性	由于阿比西尼亚猫血统的作用，比暹罗猫更文静	
相貌	体毛长度中等，冬毛比夏毛更长一些	体毛有很吸引人的丝质纹理
在家表现	适应性强，很有感情，天性活泼好动	
行为	性格外向，虽然不安静，但不像暹罗猫那样爱叫	
美容	换毛季节要勤梳理，但做起来不费时间	
常见健康问题	这种猫未记录到明显的问题	

溯源

品种的起源可以追溯到20世纪60年代，是一只酌浆草色的阿比西尼亚猫和海豹斑色的暹罗猫配对的后代。原来的设想是培育一只在色点上具有斑块纹理的暹罗猫，但是杂交的持续影响使得阿比西尼亚猫身上的长毛隐性基因显露（由此产生了索马里猫，见101页），并被注入东方猫的血统。安哥拉猫有很多不同的色型，不仅具有肉桂色那样的本色；还有带纹理的变种，譬如色斑纹理和玳瑁色；以及阴影色和烟熏色。相对稀少的底毛表明安哥拉猫的毛发不太容易纠结。

耳朵
耳内饰毛很长

眼睛颜色
眼睛基本上都是绿色，白毛品种的眼睛蓝色

纹理
虎斑在体毛上明显表现为深色的纹理

识别问题

就像在别的东方血统的猫族中常见的那样，安哥拉猫有着修长而肌肉发达的身体，身体上的毛比较长，脸上和腿上的毛较短，有着很好的丝质纹理。对于这种猫在名称上会有一些混淆，它在欧洲大陆的一些地方被称为爪哇猫；在北美，则被称为巴厘猫的非传统色品种，一种暹罗猫的长毛形式。

3. 波米拉猫Burmilla

伯曼猫的血缘给这种特别的波米拉猫带来活泼的性格；长毛钦奇拉波斯猫注入的血统则使得波米拉猫不像其他很多东方血统的猫那样躁动，哪怕是幼猫也是如此。

概 要

- 气质佳
- 有个体特征
- 喜欢运动
- 具有玩耍本能

溯源

对于波米拉猫精心设计的培育方案造就了这种能跟人建立起亲密关系的猫种。这些猫旺盛的精力很容易被转移到玩耍上去，它们喜欢各式各样的玩具，不同的个体有着不同的偏好。即使是在幼猫的阶段就已经在小伙伴之间有所表现：有的喜欢追逐球和类似的玩具；有的则喜欢在凳子上跳来跳去。玩具能测试猫的智力，根据不同的猫的特点给予适当的玩具，特别适合于这种猫。要经常跟你的猫玩耍，以增进你和猫之间的亲密关系，也有助于保持它的健康。

户外高手

波米拉猫喜欢攀爬，苗条的体形让它们在这方面具有优势。就像别的猫那样，它们纵身跳上树干，用它们那登山冰爪般的爪子牢牢抓住，后腿的肌肉用力使身体向上爬。要下来的时候，猫以相同的方式低头朝后往下爬，直到接近地面的时候才转身跳下来，用它的前脚着地。

特征、特性

见 48 页的表格

4. 科尼斯卷毛猫Cornish Rex

这些猫有着肌肉强健的外表，后躯特别强壮，令它们不费什么力气就能窜到高处，甚至轻松越过围栏回家，它们蹲坐时身体姿态接近直立（如图），样子跟犬很像。

概 要

- 苗条的身材
- 独特、容易照料的皮毛
- 友善的个性
- 极爱运动

溯源

1950 年，在英国西南部的康沃尔的一个农场里，作为农场猫培育的一窝幼猫中出现了一只长相奇怪，身上有卷毛的个体。由于身上的毛像雷克斯兔（也就是獭兔，英文名 Rex）那样卷曲，就被称为卷毛猫（依据国内大多数人的习惯称呼，意译为卷毛猫。译者注）。在早期，伯曼猫和英国短毛猫被作为远系杂交的亲本；在北美，当这种猫在 1957 年被引进后，引入了暹罗猫和东方猫的血统。这种猫由此在大西洋两岸造成了不同的品种标准，相比于英国的品种，美国的科尼斯卷毛猫有着东方猫的容貌特征，头形轮廓棱角分明。

	特征、特性	备 注
简述	这种猫有很多不同颜色和品种可供选择	
个性	能跟别的猫相处得非常融洽，很温和	
相貌	具有很特别的卷毛	
在家表现	不能被冷落，需要大量的关注，以及有利于猫的环境	如果你出去上班，最好养两只科尼斯卷毛猫让它们互相陪伴
行为	性格活泼，喜欢玩耍，爱追逐玩具	
美容	掉毛不厉害，经常抚摸能使皮毛更光滑	经常检查耳朵里的耳垢，用湿棉签清洁
常见健康问题	有肥胖倾向，注意猫的体重，尤其是在施行了绝育手术后	严格按照营养标准喂养，避免过度喂食

耳朵
大而开放的耳朵高高地竖在头上

腿
特别细长的腿，下端是小而呈椭圆形的脚爪

尾巴
长而窄的尾巴在用后腿站立时起到平衡身体的作用

体毛

科尼斯卷毛猫身体上没有任何长的针毛，所以它的外形决定于底毛的形态，它的毛发不仅要比常规的猫毛短很多，而且还具有很好的纹理，外表看上去呈波浪形，在背部和身体两侧表现得尤其明显。相对较少的绒毛意味着这种猫要比别的猫更怕冷。

5. 德文卷毛猫Devon Rex

这种特别的品种也是不经意中在英国西南部育成的，很快就被认定是跟科尼斯卷毛猫完全分离的突变的结果。这两种猫有着相似的气质，天性都很顽皮。

概 要

- 独特的脸部特征
- 很聪明
- 攀爬灵活
- 活泼好动的伴侣宠物

	特征、特性	备 注
简述	有很多不同颜色和花纹品种可供选择	色点型的德文卷毛猫常被称为"西卷毛猫"（Si–rex）
个性	很多方面像犬，喜欢追逐玩具	
相貌	脸形和顽皮的性格使它得到"小精灵"的称号	
在家表现	活泼的性格让人印象深刻，特别是幼年阶段	成年的猫会变得相对沉稳
行为	好奇性强，在家不会感到紧张	
美容	很少需要打理，用麂皮简单擦拭皮毛即可	抚摸也有助于使皮毛保持良好状态
常见健康问题	会有皮肤问题，通常由霉菌感染引起	

溯源

德文卷毛猫的起源能追溯1960年，有一只外形奇特、卷毛的流浪公猫和德文郡巴克法斯特雷村一只当地猫进行了配对。人们没有捉到那只成年的公猫，但它的孩子，一只叫做"科里"的公猫传承了它独特的基因。德文卷毛猫有时候也被称为小精灵猫，突出了这种猫活泼爱玩的个性特点。这种猫非常适合于训练，有些时候表现得更像一只犬而不是一只猫。有些年轻的德文卷毛猫可以教会坐下和匍匐前进，还能学会叼回东西。

适应环境

这些性格活泼迷人的卷毛猫很善于跳跃和攀爬，经常喜欢睡在远离地面的地方。在靠近暖气片的地方系一张小吊床会让德文卷毛猫很乐意接受，因为它的皮毛难以抵御寒冷，这样做有利于让它在天冷的时候保持温暖。它们在生活中处处表现出爱玩的天性，很愿意陪伴主人，这使得它们更受欢迎。

耳朵
大而特别宽的耳朵，圆形顶端有簇毛

体毛
短的针毛混杂在皮毛中，摸起来很柔软

斑纹
深色虎斑多见于腿部和尾巴，而不是在身体上

6. 埃及猫Egyptian Mau

这种特别的品种有着悠久的历史，有人认为它们的起源可以直接追溯到古埃及的猫。如今它依然属于比较稀罕的品种，尤其是在欧洲。在北美，知道它的人要多一些。

概 要

- 可能是现存最古老的猫种
- 很有特色的斑点花纹
- 有三个毛色
- 斑纹随机分布

溯源

现代猫的祖先是一个名叫娜塔莉·特罗贝茨科夫的俄国流亡者在埃及开罗的街头发现的。这种猫有三种传统毛色，分别是银色（见图）、古铜色、烟色。事实上埃及猫是已知品种当中唯一具有标准烟色的猫，身上有着特征性的斑点纹。偶尔能见到具有经典斑点纹的埃及猫幼仔，但这些猫不能被用以展出。

特点

很少有猫像埃及猫那样好动，热衷于跟它们的主人亲密互动，从小就喜欢各种游戏，甚至可以像猎犬那样乐此不疲地帮主人叼东西，它们的反应超快。它们可以跟生活小圈子里的人混得很熟，通过观察学会主人的动作，那样它们就会打开橱门或家里的抽屉。要特别留意冰箱，假如你从冰箱里拿猫食，离开一会儿而把冰箱门开着，哪怕只是一个转身的工夫，你就会发现你的猫开始自作主张地从里面拿东西吃！

	特征、特性	备 注
简述	有醒目条纹的猫，幼猫身上的条纹成熟后不变	这些猫的纹理都具有个性特点
个性	机灵活泼，得益于街头流浪猫的身世	
相貌	具有斑点的品种特征，眼睛绿色	有三种不同的毛色
在家表现	在家喜欢各类玩具，把家当成活动中心	
行为	非常活泼，需要密切关注	
美容	不怎么需要打理，用刷子轻轻刷毛即可	
常见健康问题	未发现特定的健康问题	年老的猫需要定期的健康检查

7. 尼比隆猫Nebelung

尼比隆猫是在现代试图复原19世纪后期猫展中一个早期猫种的时候培育出来的。它天生精力充沛，而令人惊奇的是，这种猫也能在室内环境中很好地生活。

概 要

- 闪亮的皮毛
- 聪明
- 不喜欢陌生人
- 很高兴在家

溯源

这个特别的品种是在试图复原20世纪已经消失的俄罗斯蓝色长毛猫的育种计划中诞生的。这个培育计划始于20世纪80年代的美国，培育出的蓝色猫体毛长度中等，闪烁着银色的光泽。尼比隆猫的名字来源于德语Nebelung，翻译过来的意思是"雾一样的生物"，形容这种猫的颜色。这些猫有着运动员般健硕的身材，体形较长，最长的体毛长在尾巴上，像一把特殊的毛刷。公的尼比隆猫有比较长的毛环绕在颈部，尤其是在冬天。

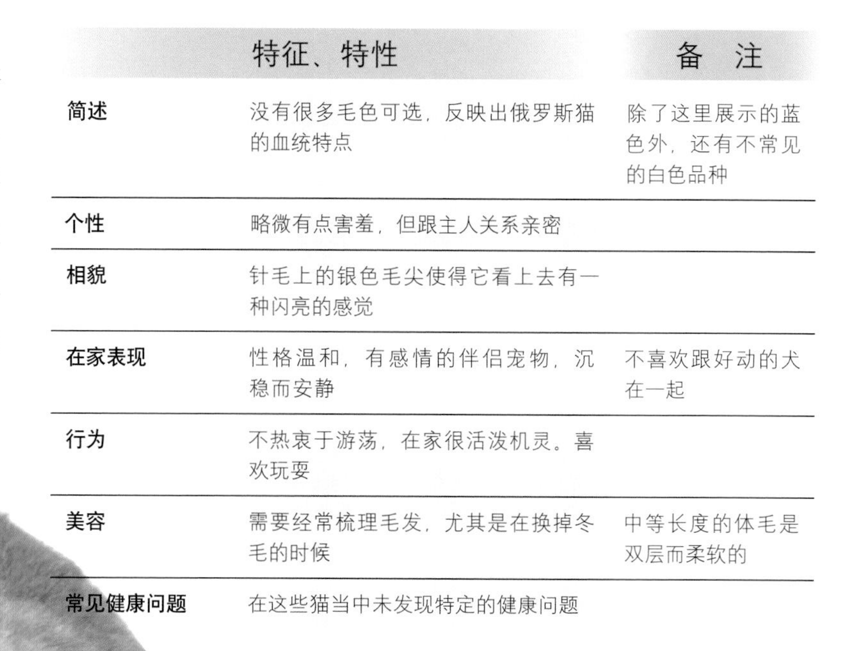

	特征、特性	备 注
简述	没有很多毛色可选，反映出俄罗斯猫的血统特点	除了这里展示的蓝色外，还有不常见的白色品种
个性	略微有点害羞，但跟主人关系亲密	
相貌	针毛上的银色毛尖使得它看上去有一种闪亮的感觉	
在家表现	性格温和，有感情的伴侣宠物，沉稳而安静	不喜欢跟好动的犬在一起
行为	不热衷于游荡，在家很活泼机灵。喜欢玩耍	
美容	需要经常梳理毛发，尤其是在换掉冬毛的时候	中等长度的体毛是双层而柔软的
常见健康问题	在这些猫当中未发现特定的健康问题	

头部
头部很宽而非圆形

颈部
特别修长而优雅的颈部

相貌

获得国际猫展认可标准的尼比隆猫跟俄罗斯猫（见98页）很相似，眼睛形状是椭圆形的，颜色是绿色的，幼猫的眼睛颜色偏黄色。耳朵看起来很大，尤其是在耳根部位，耳端有点圆。从体型上看，尼比隆猫也像俄罗斯猫。闪着银色的毛混杂在蓝色的体毛中形成了整体的毛色。尼比隆猫被认为是很挑剔的猫，对于食物尤其讲究。它们不能很好地接纳陌生人。

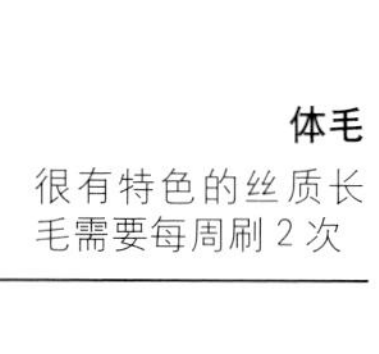

体毛
很有特色的丝质长毛需要每周刷2次

8. 东方猫Oriental

在东方猫中，有着比别的猫更多的潜在品种，在理论上讲有几百种可能性可选，很多理论上的组合想法还没有付诸实践。东方猫都是些性格外露，吵闹和活泼的猫。

概 要

- 充满感情
- 喜欢被关注
- 活泼好动
- 有很多品种

溯源

在20世纪初，早期的暹罗猫还都是色点型和自有（固有）色型的规范形态，到了20世纪20年代，规定只有蓝眼的暹罗猫才能作为品种参展，所以那些自有色型的猫基本上都消失了。东方猫则是重建了原已消失的血统，从理论上讲，它们是外形很像暹罗猫的猫种，但不显现暹罗猫那特征性的色点形态。在20世纪50年代它们开始复兴，如今已在世界范围内拥有一批追随者，它们在脾气上很像暹罗猫，同时也表明它们是性格很活泼的猫种，这是毫不奇怪的。它们善于攀爬，有着独立自信的个性，哪怕是处在一个很热闹的家庭里也不容易被忽视。东方猫生来就性格外向，具有非常喜欢玩耍的特点。

毛色

最早的东方猫种的自带（固有）色占了绝大部分，自那以后有很多不同色型的品种被培育出来，有玳瑁纹色、烟色、阴影色、毛尖色等很多品种也都陆续出现了。像图片上的这种双色类型是不久前才培育出来的，但已经得到了北美猫展的品种认定。

	特征、特性	备　注
简述	有大量的毛色和纹理品种可供选择，有些很常见	本色的品种依然很受欢迎
个性	性格张扬、活泼、吵闹，渴望被关注	
相貌	皮毛光亮、漂亮、优雅，头形好	
在家表现	要让它不感到无聊就需要大量关注	提供玩具，要多花时间跟它玩
行为	喜欢凑热闹，以引起家庭成员的关注	
美容	短毛不需要打理，但猫很享受被打理的过程	经常地抚摸皮毛有助于除去脱落的陈旧毛发
常见健康问题	呼吸道感染，偶尔会有遗传性心脏病	

9. 小精灵短尾猫Pixiebob

小精灵短尾猫又被称为“北美短尾猫”。从其独特的、粗野的样子就能够推断这种猫极具个性，性格上十分独立。这不是一种能够长时间老老实实待在家里的猫，它喜欢自由活动的习性可能是祖先那里传承下来的。

概 要

- 相貌独特
- 精力充沛
- 脾气友善
- 喜欢捕猎

溯源

在美国的乡村有时候能见到没有尾巴的流浪猫甚至野猫，有些情况下猫的尾巴是在事故当中失去的，而非基因使然。但是也有这样的故事，称这些猫是杂交的后代，是农场猫或者流浪猫和短尾猫（*Lynx rufus*）配对繁殖的结果（短尾猫又叫赤猞猁、北美山猫，是分布在北美洲的一种纯野生的猫科动物。译者注）。虽然这已经被DNA的分析所否定，但在有些地区依然流传着这样的说法。小精灵短尾猫作为一个品种的起源可以回顾到1985年，一个名叫卡罗尔·安妮·布雷瓦的养猫人得到两只这种类型的流浪猫幼崽，由此培育出另一只她称之为“小精灵”的具有短尾巴的猫。

	特征、特性	备 注
简述	有野猫的模样，但确实是流浪家猫的后代	样子很像北美的野生山猫
个性	机警、专注、安静，喜欢玩耍，能学会叼回玩具	
相貌	有着很像野猫的长相，特征性的短尾巴	这种突变培育了全球各地的很多家猫
在家表现	活泼好动，对家人很忠诚	很愿意跟犬在一起
行为	聪敏的伴侣宠物，适应性强，适合家养	
美容	虽然是双层毛发，但是不怎么需要打理	
常见健康问题	经常有多指（趾）现象，脚指（趾）多一个，但没什么不良影响	

进展

小精灵短尾猫的名称是用来纪念北美野外已经很稀少的品种，它们在2001年被引进到欧洲。这些猫的毛色基本上是棕色虎斑，用具有这种条纹的非纯种猫进行了远交，很多贡献了血统的早期亲本都是流浪猫。这些猫有个不寻常的品种特性，那就是它们的联络叫声是一系列的颤音，而不是通常的“喵喵”声。

尾巴
短短的尾巴被称为截尾，一窝幼猫中也会有尾巴不短的个体

颜色和体毛
下巴总是有白色的毛。大多数小精灵短毛猫是短毛的，但也有长毛品种出现

体型
体型比一般的家猫大很多，更加强化了它的祖先是野生山猫的传闻

10. 东奇尼猫Tonkinese

概 要

- 活泼好动
- 喜欢跟人相处
- 个性活跃
- 皮毛容易照料

这种猫具有的色点外貌揭示出它跟暹罗猫有着很近的血缘，脾气也很像。东奇尼猫性格外向、活泼、爱叫，渴望得到主人的关注，能跟家里的人形成非常亲密的关系。

溯源

在通常概念中，所谓“真实品种”就是幼猫一定要像它们的双亲才行 ，但是这个概念在东奇尼猫身上似乎不符合，这使得它们颇受争议。很多时候东奇尼猫出生的同一窝幼猫中有的像暹罗猫，还有的像缅甸猫，它们生来就不太一样。这方面的困惑可以回顾到这种猫第一次来到西方的时候。有人认为在19世纪80年代第一次在欧洲记载的那只巧克力色暹罗猫实际上可能是一只缅甸猫，那只“王猫”（见56页）相关的育种记录确定那实际上是一只东奇尼猫，而不是纯种的缅甸猫。后来发生的事情是，育种者们热衷于培育毛色最深的缅甸猫品种，东奇尼猫的特性由此就丧失了。

头部
跟暹罗猫相比，它的头形更加浑圆而不是偏向于三角形的

毛色
色点的形式在这只东奇尼猫身上依然清晰可见

尾巴
比较长的尾巴不能扭结

	特征、特性	备 注
简述	有很多不同的毛色和纹样	它们被描述成有点像北美的水貂
个性	合群，好奇，充满情感	
相貌	实际上是暹罗猫和缅甸猫的混合体，眼睛的颜色是独特的“水绿色”	东奇尼猫在很多方面都介于两者之间
在家表现	好动的天性意味着它需要大量的玩具和关注	
行为	经常地抚摸很必要，哪怕会磨掉一些毛	
美容	虽然是双层毛发，但是不怎么需要打理	
常见健康问题	比较容易有呼吸系统感染，有些个体对麻醉剂有严重反应	此情况适用于所有东方（亚洲）的猫族

后续

这种猫后来在加拿大通过缅甸猫和暹罗猫的杂交而得到重现，但是围绕着东奇尼猫的争议如今依然存在。它有着独特的相貌，被描述成很像水貂。图片显示的这只猫身体颜色要比暹罗猫的相应品种的毛色更深暗，和身体的色点斑块结合得很好。它们的毛色会随着年龄而加深。在气质方面，东奇尼猫不像暹罗猫那样苛刻，但依然很吵闹。

这种类型的猫适合那些喜欢体格魁梧的猫，而且家里有足够宽敞空间来养猫的人群。

淡玳瑁色长毛猫

黑白双色长毛猫

大型猫

一般认为大型的猫要比它们小个子的同类更活跃，但情况并不都是这样，实际上有很多大猫是非常温顺的，特别是那些带有波斯猫这种特别温柔血统的杂交后代。这就能解释为什么像喜马拉雅猫和布偶猫那样的猫宁愿蜷曲着身子在壁炉边休息，而不愿溜出去捕猎。

另一方面，自然法则也起着作用。动物学家们所知道的伯格曼定律就是，生活在寒冷气候条件下的动物体型要大于那些靠近赤道，生活环境更温暖地区的动物。家猫虽然是在后来才进入地球上的动物名单的，但是这个定律也适用它们。

跟犬的情况不同，猫的体型大小和寿命长短之间没有联系，大型猫可以活得跟小型猫一样长。虽然如此，有件重要的事情要考虑到，那就是大块头有大胃口，养大猫的费用支出更多。

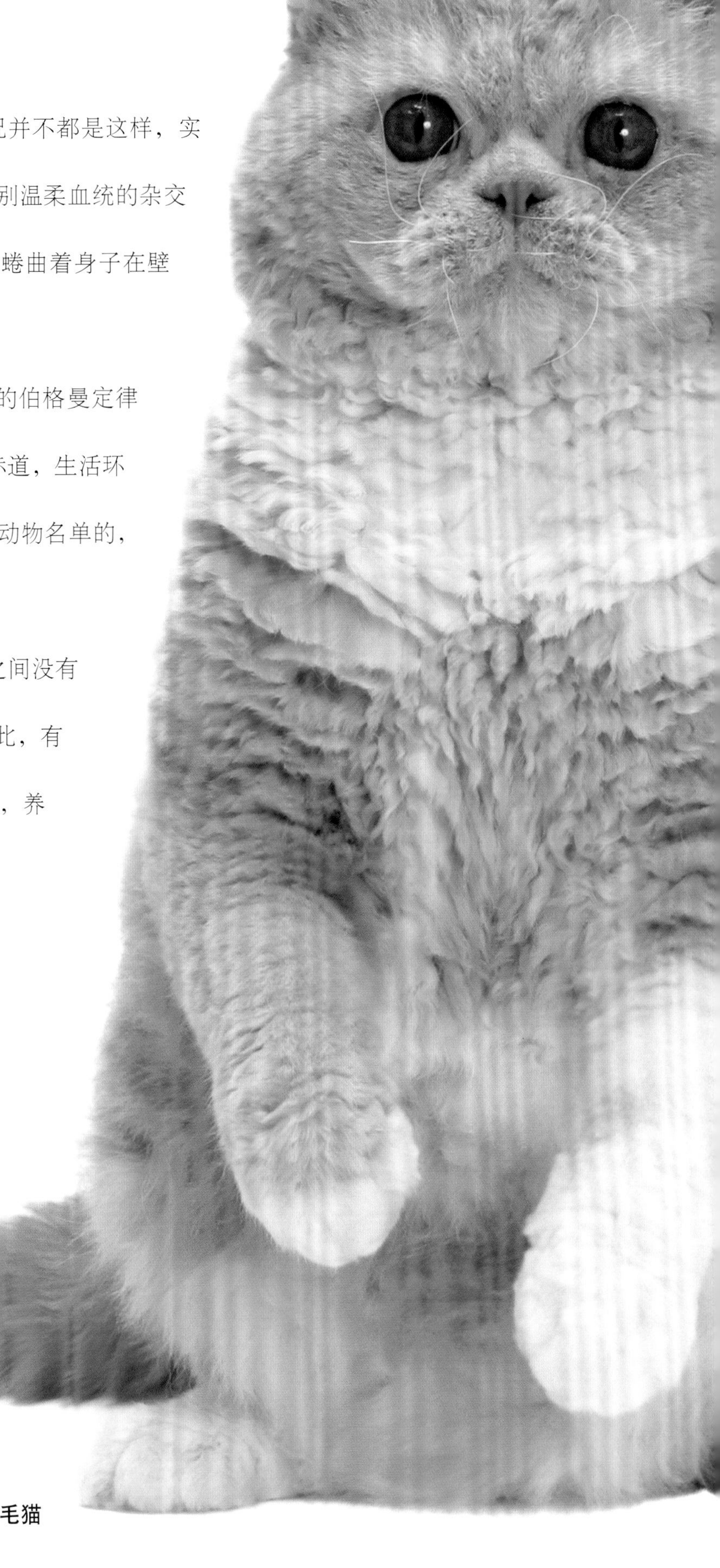

奶油色和白色塞尔凯克卷毛猫

1. 美国短尾猫American Bobtail

美国短尾猫的尾巴长度应为一般猫尾巴长度的一半或三分之一，人们的目的旨在培育出有北美野猫般相貌的品种。这种猫硕大的体型也让它们看上去相貌堂堂。

概 要

- 野猫的模样
- 性格友善
- 多种毛色
- 非常活泼

溯源

这个品种起始于一只幼猫，是来自爱荷华州的约翰和布兰达·桑德斯在美国亚利桑那国家公园发现的。他们把这只被遗弃的幼猫带回家并细心照料，长成后跟一只暹罗猫配对，最终得到看上去像北美山猫，有着“雪靴”特征的品种（见99页）。这种尝试大获成功，育种者们开始致力于有着野猫相貌的大型家猫，虽然没有证据表明在这种猫育种的过程中跟野生山猫（*Lynx rufus*）有什么血缘关系。这种猫的大多数都是短毛型的，虎斑纹的样式很常见，还有体毛中等长度的品种也并不罕见。

尾巴

基因分析证据表明，这是一种和日本短毛猫（见130页）完全不同的品种。日本短尾猫的短尾巴是隐性基因性状表达的结果，这表明把这种猫和一只常态的猫配对，在它们的第一代当中不会出现短尾巴的个体；而美国短毛猫则是显性基因突变，把美国短尾猫跟一只常态的猫配对，出生的幼猫中就有一定的百分比出现短尾巴的个体。

明显的条纹
条纹更加明显

体型
像别的大型品种那样，美国短尾猫长得很慢，需要2～3年才能完全长成

纹理
这只猫的身体上可以见到条纹间断形成的斑点

	特征、特性	备 注
简述	不同一般的品种	只在北美繁衍生活
个性	野猫的容貌，家猫的性格	
相貌	相对较短的尾巴是明显的体征和品种特性	身上的条纹使它们看起来更像“野猫”
在家表现	聪明的伴侣宠物，大多数脾气都很温柔	喜欢玩耍，能像犬那样叼回玩具
行为	性格机灵活泼，能容忍你把它抱起来	
美容	长毛的品种需要更多的护理，但毛发维护起来并不困难	
常见健康问题	有的个体偶尔会出现生来尾椎骨就很短的情况，看上去好像没有尾巴	

2. 威尔士无尾猫Cymric

这又是一种尾巴很特别的猫，它甚至可能没有尾巴。威尔士无尾猫是很有名的马恩岛无尾猫（见132页）的长毛品种，尽管不像后者那样常见。

概 要

- 各种毛色
- 不一定都是没有尾巴的
- 繁育结果无法预测
- 数量相对稀少

	特征、特性	备 注
简述	稀有，不多见的猫种。北美地区最多	有名的马恩岛无尾猫的长毛品种
个性	各方面素质都不错，聪敏，寿命较长	
相貌	尾巴长度有变化，长尾到无尾的都有	仅有无尾的猫才能用来展示
在家表现	喜欢玩耍，学得很快。跟主人的关系密切	
行为	跳得很高，经常对滴水的龙头感到着迷	跟犬相处融洽
美容	日常的毛发护理很重要，特别是在春天换下冬毛的阶段	
常见健康问题	会有因脊椎变短引起的各种毛病	

溯源

威尔士无尾猫的名字来自英国威尔士方言Cymru，意思就是“威尔士本地”，实际上这种猫起源于加拿大。在马恩岛无尾猫产的幼猫中偶尔出现一只长毛的个体也不算什么稀罕的事情，于是北美的育种团体决定合作从马恩岛无尾猫当中培育出新的品种，故此，威尔士无尾猫也被叫做长毛马恩岛无尾猫。就跟马恩岛无尾猫一样，尾巴的长度也是有变化的，可能就完全没有尾巴。那些尾巴长度跟典型的家猫差不多长的威尔士猫被称为“长条子（longies）”，而只有很短尾巴的威尔士猫则被叫做“矮胖子（stumpies）”。

品种

长条子的威尔士猫可以和没有尾巴的威尔士猫杂交，后代会出现包括矮胖子在内的各种变化。但是只有没有尾巴的威尔士无尾猫能被用做展示，所以为展示目的而培育威尔士无尾猫是一件令人沮丧的事情，特别是当一窝出生的幼猫数量少的时候，谁也不能保证具体哪一对猫会生出没有尾巴的威尔士无尾猫。无论怎样，它们都是很友善的，毛发也不是特别的浓密，整理起来不是太麻烦。

身体颜色
图片上是一只身体纯黑而有清晰白斑的品种

脊背
威尔士无尾猫的腰背部高于肩膀

大脚
它有着大而有力的脚爪，结实的腿

3. 喜马拉雅猫Himalayan

这种长毛猫的名字来自于体毛形态类似的喜马拉雅兔，其身体的端点，也就是脸、耳、足、腿和尾等部位的颜色要比身体其他的部位颜色更深一些。

概 要

- 矮胖身材
- 体毛丰盛
- 性格温顺
- 多种毛色

小耳朵
耳朵很小，通常被头上的长毛隐藏着

长毛
波斯猫那样的丝质长毛需要每天精心打理

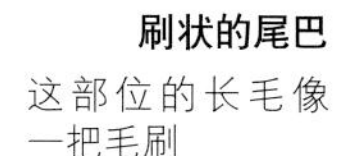

刷状的尾巴
这部位的长毛像一把毛刷

	特征、特性	备 注
简述	看起来像波斯猫	
个性	性格温和，沉静和友善	
相貌	这种猫的特征是浓密的浅色毛，身体各端部毛色深	新生的幼猫是白色的，慢慢才显出毛色
在家表现	喜欢被关注，喜欢玩耍，拍球玩	因带有暹罗猫血统，比波斯猫更活跃
行为	恋家，外出可能会被别的猫欺负	很好的家养猫种
美容	每天都要梳理毛发，有助于加深猫和主人的亲和关系	
常见健康问题	因泪腺容易堵塞而在扁脸上形成泪斑	嘴巴较长的猫不太会有这种问题

溯源

喜马拉雅猫的育成源自于20世纪20年代和20世纪30年代基因研究的成果，当时的课题是探究暹罗猫的基因能否被别的猫接受，长毛波斯猫被选作研究的对象。在美国，最初用了一只黑色的波斯猫，生下的幼猫都是黑色的；当这些长大的猫再次跟暹罗猫回交时，就出现了第一只喜马拉雅长毛猫。在北美以外地区，这个品种更多是以色点长毛猫的名字而为人所知的，虽然这类杂交的后代最初被称为卡莫斯猫。这些猫不仅有着色点的毛色，也有着暹罗猫那样的特别的蓝眼睛。

颜色的变化

色点斑纹的发育依赖于猫的体温。初生的幼猫是白色的，然后色点的颜色逐渐加深。脸上的色点形成一个面具的模样，公猫的面具斑更大些。但不会延伸到超过头部的地方，随着年龄的增大，深色的阴影部分会相应扩展到身体两侧，表示着它的血液循环系统不再像年轻的时候那样有效了。

4. 缅因猫Maine Coon

概 要

- 叫声是不同寻常的颤音
- 毛很漂亮
- 友好，适应性强
- 多种可选的毛色

缅因猫又叫“浣熊猫”，作为全球体型最大的家猫之一的缅因猫育成于美国，如今无论是在单纯作为宠物还是用于品种展示方面，缅因猫都是全世界最受欢迎的纯种猫之一。

溯源

这种猫的名字来源于缅因州，它的祖先是跟随19世纪的移民一起，从欧洲或者更远的地方乘船来到缅因州的，逐渐就育成了一个长毛的猫种，这种猫的身上有着能够抵御寒冷天气的毛发。这些猫曾被作为工作猫使用，用来防止田鼠损害农作物。它们是早期农展会上的常客，随着美国进入城市化的脚步加快，它们逐渐被冷落了。

	特征、特性	备 注
简述	体型最大的猫之一，要几年才会成熟	19世纪早期第一种在美国育成的猫
个性	活泼，友善，精力充沛	
相貌	体格健壮，长毛，有着特别的矩形身材	各种毛色，虎斑加白色的最常见
在家表现	重感情，但需要有一定的室外活动空间。不适合作为纯粹的家养猫	
行为	性格独立，有较强的捕猎本能	
美容	要经常梳理毛发，特别是冬季过去之后	松散的毛要及时清理以防缠结
常见健康问题	易患髋关节发育不良，导致疼痛和跛行	情况跟犬类似，是唯一一种有此情况的猫

时代改变

曾经有一个阶段，时尚潮流更青睐波斯猫那样具有异国情调的猫，而不是毫不起眼的农场猫，直到20世纪50年代，缅因猫的情况才开始好转，自那以后，它们的数量稳定增加。虎斑纹的样式很常见，耳朵上还有长长的簇毛。幼猫中的公猫会长得比母猫更大，在冬季，脖子周围会长出很鲜明的毛丛。尽管这是一种具有长毛的猫，掉毛的现象却不是特别严重。

身体颜色
通常对毛色和花纹没有要求，常见有虎斑纹

令人印象深刻的尾巴
长而下垂的尾巴上有时会有浣熊那样的圈纹，让人想到它有个浣熊猫的别称

5. 挪威森林猫Norwegian Forest Cat

概 要

- 忠实伴侣宠物
- 自由奔放
- 喜欢游荡

挪威森林猫起源于北极圈以内的地区，最早是较广泛使用的农场猫，常被简称为"威吉猫"。它有着特别浓密的冬毛以有效地抵御严寒。

溯源

挪威已经有1 000多年养猫的历史，在这个阶段，如今的挪威森林猫的先祖就已经在这片土地上得到进化和被饲养了。它们是很强健的猫，个子虽然大，但是攀爬起来照样很灵活，其机灵程度甚至可以使得它们能够在当地乡村的小溪里捕鱼。20世纪70年代开始的一系列努力要将它们培育成标准的品种，1979年首次见于美国。直到如今，它们的行为方式依然表现出许多其祖先的特点：它们喜欢游荡，意味着不太适应都市生活；会对陌生人保持着警觉。

特征

按照品种的标准，对这些猫的体色不作要求，这是很不寻常的，作为代替，重点被放在保持它们的相貌或者"类型"，以及它们独特的皮毛上，不鼓励随机杂交以产生新的毛色的做法，它们的样子依然没有很大的改变。毫不奇怪的是，普通家猫的条纹在挪威森林猫中也很常见。

	特征、特性	备 注
简述	自然条件下产生的古老品种	20世纪30年代首次被作为品种加以关注
个性	独立，但喜欢人的陪伴	
相貌	大型种类，有着厚而密的皮毛。公猫体型大于母猫	
在家表现	某种程度上是属于户外活动的猫，但跟家庭成员关系亲密	不怕冷的皮毛能极好地抵御雨雪
行为	机警、活泼，并且友善的宠物，保留着捕猎本能	
美容	冬季过后要经常理毛，便于保持整洁	
常见健康问题	有些血统的个体会受到四型糖原储积病的影响	作为繁育的群体要进行DNA测试以筛查代谢疾病

6. 波斯猫Persian

这是一种起源于亚洲，有着长而披散的毛发，最不容易被搞错的猫。这些猫如今被广泛饲养，尤其在猫展中很常见，每天需要较多的工夫去打理它们的毛发。

概 要

- 需要精心护理
- 多种毛色
- 多情而安静
- 不喜欢游荡

溯源

第一批来到欧洲的波斯猫以其长长的白毛而身价不菲。最早的样本是在17世纪早期由波斯（即现在的伊朗）引入到意大利，以及从土耳其引进到法国的。从保留至今的古代画像中的波斯猫形象看，它们的外貌多年来没有太大的变化。如今的波斯猫有着更浓密的毛和较大的头部，但是最明显的变化还是脸更扁了，鼻子周围有明显的下凹，这可能会导致潜在的呼吸困难和进食方面的麻烦。它们实际上以一种与众不同的方式进食，用舌头的下端卷起东西来吃。

毛色

传统的毛色是自带（固有）色，如今有了很多别的波斯猫品种，包括不同的浮雕色品种，如巧克力色那样的新颜色也被引入波斯猫血统，还有斑纹品种，但由于体毛很长，身上的花纹并不是整体都很清晰的。

	特征、特性	备　注
简述	大而迷人的猫，有着短腿和圆脸	
个性	放松，友善，重感情	
相貌	体格健壮的大猫，有着浓密的毛和扁扁的脸	有很多毛色和花样品种
在家表现	恋家；理想的家养猫，偏爱安静环境	很适合单身者
行为	很少有捕猎本能，性格上不是太活泼	
美容	需要每天理毛，防止毛发纠结	波斯猫是最需要修饰梳理的猫种
常见健康问题	很容易患多囊性肾炎（PKD），一种老年出现的渐进性疾病	如今的DNA测试可以在繁殖群体中加以筛选

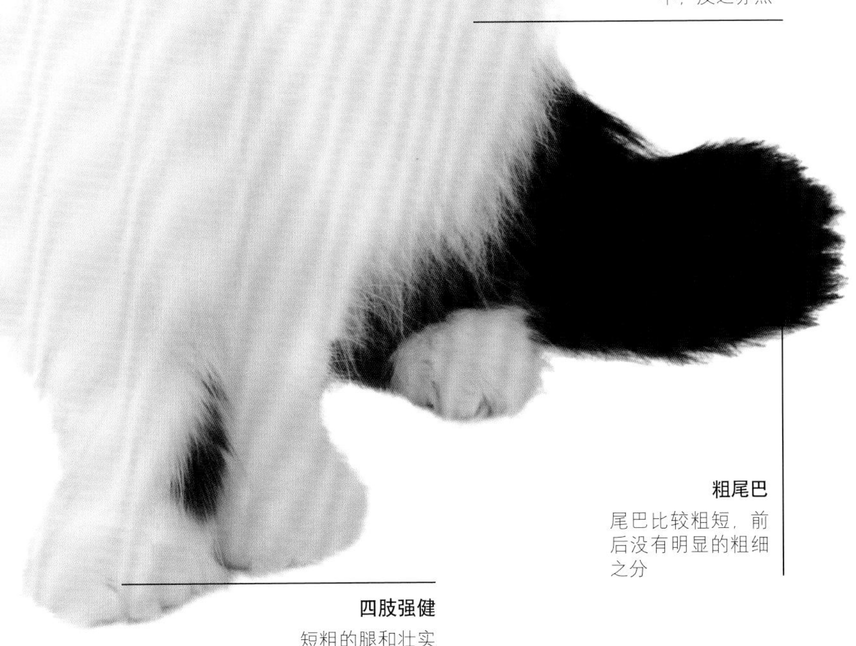

大眼睛
大大的、圆圆的、黄橙色的眼睛很有神

醒目毛色
白毛不会混杂到黑色毛当中，反之亦然

粗尾巴
尾巴比较粗短，前后没有明显的粗细之分

四肢强健
短粗的腿和壮实的脚爪

7. 布偶猫Ragdoll

这种猫被形容为温柔的大个子，就是因为它的体型和行为方式。布偶猫有着源于其祖先的非常温柔的天性，尽管这不是当初培育这种猫的初衷。

概 要

- 很重的猫
- 有暹罗猫那样的体色
- 很友善
- 生长缓慢

溯源

布偶猫早期祖先的血统已经不是很清楚了，但好像通过和伯曼猫（见45页）那样的东方猫种的杂交，引入了东方猫的毛色。就像在这张图中见到的双色品种那样，上身和下身的毛色图案分界很明显，还有一块形似倒“V”字形的白斑，从两眼之间向下扩散到下巴。胸部和下体，还有前腿的边缘应该是全白的，这实际上就对养一只完美的品种提出了更高的要求，从背部到尾部的颜色不能断续，还要延伸到后腿的上方。

问题

白色区域的分布是个复杂的因素，它们可能会在你不愿意看到的部位插入到有颜色的区域，就像背部被不经意地划了一道白印子，就像这里展示的个体一样。在别的例子中，虽然背部的颜色带会延伸到尾部，但其中也会掺杂1～2块白斑。

特征、特性

内容参见50页

8. 塞尔凯克卷毛猫Selkirk Rex

这种美国的卷毛猫是不同寻常的，因为它的容貌在第一年会有很大的改变。长毛和短毛的品种都有，此外，塞尔凯克卷毛猫有着独特的体毛，整理起来还不算太费劲。

概 要

- 相貌可爱迷人
- 毛发整理容易
- 多种体色
- 性格友善

	特征、特性	备 注
简述	卷毛的大猫，有多种毛色和花纹	个别的卷毛更紧密
个性	悠闲，有情感，但对陌生人比较冷漠	
相貌	毛浓密，不像别的卷毛猫那样稀疏	有长毛和短毛品种
在家表现	很好的伴侣宠物，大胆，会溜出去玩	很适合单身者
行为	受到波斯猫和英国短毛猫的影响，在行为上有所体现	
美容	不用太费心，长毛种需要多一点梳理	
常见健康问题	留意耳朵里的耳垢，会跟耳朵里的卷毛粘在一起	这是卷毛猫中的普遍情况

溯源

在一窝出生在美国蒙大拿州动物救护站的幼猫当中，有一只幼猫有着典型卷毛猫那样卷曲的体毛和胡须，它就是这种猫的始祖。等它长成配对后，产下的幼猫中的半数都表现出卷毛猫的特征，这就表明塞尔凯克卷毛猫跟别的卷毛猫有所不同，它是显性突变的产物。后来的一系列杂交增大了它的体型，因此这种猫如今的体型跟英国短毛猫很相似。

体毛发育

塞尔凯克卷毛猫刚出生的时候就是那种典型猫幼崽的毛茸茸的样子，这种幼猫在数月以后的换毛结束后就不再是这种模样，而换成特征性的卷毛，在长毛的品种当中卷毛特征尤其显著，毛发可以卷曲得很厉害。这种特征在背部表现得不是太明显，在身体两侧和包括喉咙的下体则很典型。毛色不会造成毛发卷曲程度的不同，但是在针毛和底毛之间存在自然的色调对比，就像在这只烟色的品种中，这种影响可以很清楚地看出来。

很像羊毛
这里的卷毛特征很明显，看起来很像羊毛

较短的尾巴
卷毛也延续到较短的尾巴上，尾巴基本上没有粗细之分

9. 西伯利亚猫Siberian

原苏联在 20 世纪 90 年代初期解体后，这种猫才开始广为人知，在这之前，在俄罗斯以外的地方很少能见到，它的祖先在遥远的北方已经生活了 1 000 多年。

概 要

- 历史悠久的猫
- 好奇的性格
- 条纹品种很常见
- 护理需求有变化

溯源

在最初被西方所了解的时候，西伯利亚猫也被称为西伯利亚森林猫，后来的名字被简化了。这些猫很像挪威森林猫（见 72 页），但这只是一种被称为“趋同进化”的现象，而并非两者之间存在很近的亲缘关系，毕竟两者的故乡彼此相隔数千千米。两者都产生于冬季气候酷寒的地区，浓密的皮毛是很好的保护，有利于在酷寒环境中的生存，这就是为何两者在外形轮廓上非常接近的原因。

	特征、特性	备 注
简述	这是一种体型受到环境影响的猫	
个性	对人友好，会发出不寻常的“呼噜”声	能够跟犬相处
相貌	由于长着长毛的缘故，冬天看起来更大些	
在家表现	最近研究毛发引起过敏的机理，研究结果认为这种猫的毛发不容易引起过敏	
行为	活泼，善跳跃。公猫早熟，五个月大就成熟	
美容	换毛有规律，平时掉毛不厉害，梳理起来不是特别麻烦	
常见健康问题	金色的西伯利亚猫易患肥厚性心肌病，在其他品种不常见	猫中最常见的心脏病，心肌增厚，能导致心力衰竭

耳朵较低

耳朵较小，位置较低，上面长着防寒的毛和簇毛

纹理

虎斑纹很常见，两眼之间有白斑，向下延伸到胸部

生活方式

西伯利亚猫虽然体型庞大，但却是非常灵活的猫。尽管在家很适应，也能跟家庭成员相处融洽，它们依然保持独立的个性，不管天气状况如何，总喜欢到门外活动。冬毛厚实，到了夏季就换上轻装，在春季，当冬毛开始脱落的时候，需要对毛发进行更多的护理。

毛茸茸的脚爪

很大的脚爪被毛所覆盖

10. 长毛波斯杂交猫
Long-coated Persian Cross

有时候，纯种和非纯种的猫之间会发生没有事先计划的交配，产下兼有双亲特征的猫，因此没有办法准确预测后代的样子。

概 要

- 很个性化的容貌
- 一半的血统
- 毛长适中
- 没有特别的外表

溯源

猫所独有的繁殖生理导致幼猫总是在不经意间出生。母猫没有固定的、有规律性的排卵周期，它们是在交配行为发生以后才排卵，这样可以极大地提高受孕概率。一对野猫要占据 7.8 ~ 10.3 平方千米的领域，而在城镇里猫的密度要比野猫生活的密度大很多，这就是为什么未绝育母猫能够在很短的时间内怀孕的原因。还有很重要的一点要记住，一只母猫能和多只公猫成功交配，这就意味着一窝幼猫身上可能带有不同父亲的基因。

影响

很多成功的杂交源自于不经意的交配，刻意地安排纯种和非纯种的猫配对有助于产生像塞尔凯克卷毛猫（见 75 页）那样的新品种。如果想要培育一个可被承认的类型，持续地和已经具有某种稳定性状的纯种猫交配在做法上很容易操作，这样的做法也可以允许新的毛色和花纹很容易地植入到新品种当中去。

特征、特性

内容参见 73 页

这类猫适合家里没有很大的空间；家有幼儿，担心孩子的安全；或者仅仅是认为小型猫更漂亮的人群。

长毛芒奇金猫

暹罗猫

新加坡猫

小型猫

近年来，小型猫的阵营得到迅速扩大，这可能反映出如今的住房空间更小的事实，很多猫被作为纯粹的“家猫”饲养，关在室内以避免交通带来的危险。这也是一种时尚，部分是受到名流的影响，他们倾向于饲养娇小的犬和猫，并赋予它们人性化色彩，把这些小动物当成孩子而不是宠物看待。

另一个重要因素是具有独特短腿的芒奇金猫（见82和85页）的育成，推动了一轮培育已有品种微缩版的热潮。虽然很多小型猫的起源可以追溯到和街头流浪猫的自然交配，然而讽刺的是，这个阵营中的一些品种如今已经被列入价格最昂贵的纯种之列。

小型猫通常比较适应家庭生活，但是要记住的是短腿猫不能像长腿猫那样跳起来，这就意味着当它们在户外面对着潜在的捕猎者或一只具有攻击性的犬时，会显得更加脆弱。假如在外面玩的时候，将它们保持在安全区域就十分重要，需要搭建一个户外的猫舍，有遮风避雨的棚，用铁丝网围绕起来，贴近地面做一个能使它快速跑进去的活络门。

短毛芒奇金猫

巴比诺侏儒猫

1. 巴比诺侏儒猫Bambino Dwarf

这是一种喜欢它和讨厌它的人都很多的猫种，它不会在乎生活环境空间的狭小。尽管巴比诺侏儒猫还没有完全被大众接受，但已经在展会上开始被认知，在国际范围内拥有了一批热衷者。

概 要

- 无毛品种
- 未被广泛认识
- 生动的眼睛
- 很适合室内饲养

溯源

这种猫是美国阿肯色州何里摩里（HolyMoly）猫舍的派特和斯蒂芬妮·奥斯本在2005年培育而成的。名称中的“巴比诺”一词得自于帕特的故乡意大利的语言，意思是“小不点”，这不仅反映了这些猫的个子小，而且表明它们始终都是很好玩的宠物。巴比诺侏儒猫是一种无毛、短腿的猫，这是分别继承了作为亲本的斯芬克斯猫（见149页）和芒奇金猫（见82页）的主要特征的缘故。一种以美国芒奇金猫为基础的不同血统在英国被培育出来，别的拥有这种猫的猫舍在西班牙和荷兰。据说这些猫更适合容易对毛发过敏的人饲养，但迄今未得到明确的证实。

	特征、特性	备 注
简述	这是一种适合养在室内，不能出去串门的猫	尚未被广泛认知
个性	喜欢玩耍，感情很丰富	
相貌	由于短腿和无毛，不会被认错	皮肤上有可变化的纹理
在家表现	理想的伴侣宠物，最好单独养，不能接触犬	不能玩剧烈活动的游戏
行为	好奇心强，会探索周围环境	
美容	身上无毛并不意味着不需要打理，皮肤还是需要擦拭的	
常见健康问题	如果外出，怕日晒，皮肤也容易受伤	

相貌

这些几乎完全无毛的猫显出了底层肌肤的颜色，依据体斑的情况，颜色在粉色调到具有黑色调之间发生变化，它们通常在身体四肢部位有生出毛发的迹象。最有特色的还是它们的眼睛，有多种色彩的变化，一些巴比诺侏儒猫是绿色眼睛，别的猫可能有着蓝色或怪色的眼睛。

突出的耳朵
高高突出的耳朵让这些猫有一种很机警的感觉

多皱的皮肤
浅色的巴比诺侏儒猫尤其怕晒，要养在室内。皱纹是这种猫的特征

带状的尾巴
尾巴长而窄，到后面逐渐变细

2. 金佳罗猫Kinkalow

这又是一种由芒奇金猫群落中被培育出来的短腿猫，目前数量还有限，但增加很快。如今已经被作为展览品种，故而使得更多的育猫者注意到它的存在。

概 要

- 迷人可爱
- 多种毛色
- 性格活泼
- 很健康

溯源

金佳罗猫是由美国育种专家特里·哈里斯培育出来的，他看中了美国卷耳猫（见145页）形状特别的耳朵，芒奇金猫独特的短腿和温柔的脾气，将两者进行了杂交。金佳罗猫的祖先都起源于发生在家养流浪猫身上的自发性突变，金佳罗猫自身具有很好的适应性，容易相处，脾气可亲也就不足为奇了。它们生来有各种毛色和花样，繁育的细节还有待探讨。不计较它们的短腿，较长的身体和卷折的耳朵，它还算是很健康的，如果跟附近的普通猫发生打斗就容易出现受伤的情况，保险的做法还是把它们关在家里养。

	特征、特性	备 注
简述	卷耳朵意味着这些猫不太适合有幼儿的家庭	又一种目前比较少见的品种
个性	友善，适应性强的特点得自于祖先的遗传	由突变的普通家猫培育而来
相貌	短腿，卷起的耳朵显得很机警	很多金佳罗猫有个性化斑纹
在家表现	喜欢在家，外出会受到犬和别的猫欺负	
行为	喜欢探究，很细心，对环境的观察很敏锐	
美容	跟常规家猫的做法并无两样	长毛的品种需要比短毛品种更多的梳理
常见健康问题	未记载有明显的健康问题，但要检查耳朵是否干净	

主要特征

就跟美国卷耳猫的情况一样，金佳罗猫生来就有各种毛色，主要的特征是它们耳朵的形状。刚出生的所有幼猫都有着看起来很正常的耳朵，但是在十天内，有一定比例的幼猫耳朵开始卷起来，然后就很容易分辨。这个特征在美国卷毛猫群体中体现得比以往更明显，在金佳罗猫中就非常明显。

卷起的耳朵
耳尖部位向内卷曲

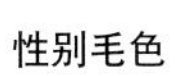

性别毛色
玳瑁色加白色的体色表示这是一只母猫

长尾巴
尾巴较长，尾根部较宽

3. 长毛芒奇金猫 Long-haired Munchkin

随着这种猫越来越为人所知，围绕着它的争论开始平息，人们能认识到这些猫很健康，寿命跟别的猫一样长，而且很友善。

概 要

- 相貌独特
- 很少的打理
- 跑得很快
- 感情丰富

溯源

芒奇金猫的起源要追溯到 1983 年，当时美国路易斯安那州的音乐教师桑德拉·荷钦纳德尔从卡车下面救起了一只被犬追逐的怀孕流浪猫并精心养育了它。这只被起名为“黑莓”的母猫产下了一些短腿的幼猫。但是在 1991 年以前，这种猫还没有广为人知，这还要感谢国际猫协（TICA），在这种猫问世的 12 年后，在麦迪逊广场花园组织的电视直播中，国际猫协很一致地把冠军授予了这种猫。长毛种芒奇金猫的毛发是中等长度的丝质毛，跟别的已知长毛种的猫比起来，毛发的护理要相对简单一些。

未证实的担忧

最初的时候，人们担心芒奇金猫会不会像腊肠犬和别的犬那样，因为长身子和短腿而存在椎间盘突出和别的脊椎问题。针对它的仔细研究，得出了芒奇金猫完全健康的结论，随着这种猫的日益普及，它们得到了广泛的认可，从英国、南非到澳大利亚，很多国家的人都已经成为这种猫的追随者。

	特征、特性	备 注
简述	一种有特色的、很理想的伴侣宠物	
个性	很友善，均衡的气质	育自普通流浪猫
相貌	短腿，外形其他方面很像典型的家猫	
在家表现	感情丰富，脾气随和	
行为	非常灵活，可以不费力地跑得很快	短腿不善于跳跃
美容	跟常规家猫比起来，不需要更多照料	长毛的品种需要比短毛品种更多的梳理
常见健康问题	跟当初的担心正相反，这种猫没有特别的健康问题	

竖起的尾巴
走路的时候尾巴竖起来

白鼻梁
这只玳瑁花猫的两眼之间有白斑，从玳瑁纹毛色就能断定这是一只母猫

脚
脚掌应该是圆的，脚指（趾）紧凑，朝向前面

4. 迷你波猫MiniPer

迷你波猫就是波斯猫的微缩版本，外貌和脾气也差不多，在所需要的日常打理方面，这种小型猫就跟它的大个子亲戚波斯猫是一样的。

概 要

- 相貌可爱
- 有长毛和短毛两种
- 小型品种
- 性格友善

溯源

在犬族中一向有培育缩小体型的新品种的做法，而在猫族中，迷你波猫是第一种。具体的做法是选择品种当中体型最小的公母个体进行配种。这种做法也存在争议，主要是担心近亲繁殖会带来问题，在犬的例子中，较小体型的个体叫声就比普通和较大体型的犬的叫声细弱。在现有的迷你波猫中，按照它们成年后的体重分为有三个类型，其中最大的是玩具迷你波猫，平均体重2.9～3.1千克；茶杯迷你波猫，体重2.0～2.7千克；体型最小，也最贵的品种是微型迷你波猫，成年后的体重只有1.4～1.8千克。标准的波斯猫的体重可以达到4.5～5.4千克。

	特征、特性	备　注
简述	标准波斯猫的侏儒版本，不多见且昂贵	
个性	放松、温和、友善，是理想的伴侣宠物	
相貌	微缩的波斯猫，有一张扁脸	从幼猫很难判断成年后的体型
在家表现	平和而小巧，温和的脾气是最适合养在室内的	
行为	在家表现良好，生活空间要跟体型相协调	
美容	需要每天照料，梳毛和刷毛都是必须的	
常见健康问题	跟波斯猫情况类似，泪斑很明显	缩小的体型不会影响这些猫的健康

微缩

迷你波猫的幼崽出生的时候很娇小，微型迷你波猫的幼崽仅有人的食指那么长，身体各部位的尺寸都被缩小，而育成的毛色也和原型的品种一样多。这些猫也需要精心的美容梳理，以防毛发纠结，在换毛季节的梳理可以防止脱落的毛在毛发里面被缠卷成毛球。有些品种并不像“标准”的长毛波斯猫那样，只是它的缩小版，而是短毛的形式，成为异种短毛猫的样本。

脸型
不管是什么体型的迷你波猫，依然和典型的波斯猫一样有张扁脸，在鼻子附近的眼角毛发上会有泪斑存在

毛长
标准波斯猫是有别于异种短毛猫的品种，而迷你波猫不存在这样的情况，这些猫都是长毛品种

腿长
它们的腿和身体的比例是相称的，这使得它们能保持娇小的形态

5. 无毛卷耳猫Elf Cat

诞生于美国的无毛卷耳猫，是最近才培育出来，被列入新品种名单的猫。它是基本上无毛的斯芬克斯猫（见 149 页）和美国卷耳猫（见 105 页）两者相结合的产物。（这种猫其实有体毛，只是很短，粗看不为人所注意。译者注）

概 要

- 个体差异大
- 室内的猫
- 需要定期清洗
- 看上去愁眉不展

溯源

两位资深的斯芬克斯猫饲养者，卡伦·内森和克里斯丁·立顿计划将有着卷耳特征的美国卷耳猫血统引入到斯芬克斯猫的血统中，以创造出一个与众不同的品种。在来自美国各地的育种者协同合作下，创造出的无毛卷耳猫有着良好的遗传基础，这些合作者来自加利福尼亚、爱达荷、密执安、伊利诺伊、亚利桑那、佐治亚，他们把各地的家养短毛猫的新血统注入其中，以避免新培育品种初级阶段经常出现的近亲繁殖问题。在对猫科遗传学进行研究的基础上，并经过长时间周密的计划后，这个品种实际上直到 2007 年才育成。

无毛猫的照料

对这些猫的照料很简单，但它们身上没毛不等于不需要梳理。每周都需要轻轻擦拭身体表面，以除去体表的油脂和灰尘；耳道也需要定期小心清洁，保证没有异物在耳朵里。它们卷耳的程度有个体差异，一般应该在 90 ~ 180 度。无毛卷耳猫脾气友善，性格温柔活泼。

	特征、特性	备 注
简述	目前不常见，但数量在增加。最适合作为家里的猫饲养	可能有多种毛色存在
个性	理想的宠物，很重感情，跟主人很亲密	
相貌	短毛覆盖得很好，卷耳，皱纹看上去像皱眉	跟其他无毛猫比起来，它摸上去比较暖和
在家表现	机灵的习性意味着它可以很方便地爬上家具	
行为	性格外向，聪明活泼	
美容	每周都要用湿的软皮革擦拭身体	别忘了小心清洁耳朵
常见健康问题	无。但是在室外活动时更容易因争斗而受伤	最好作为室内宠物，防止极端天气的影响

6. 短毛芒奇金猫
Short-coated Munchkin

芒奇金猫也存在短毛的品种，它在近年来的猫品种繁育上可谓是不同凡响，它的血统为很多短腿新品种的问世铺平了道路，它自身也是深受欢迎的品种。

概 要
- 活泼的性格
- 健康的体魄
- 喜欢玩耍
- 忠实的伴侣宠物

溯源

这种猫的名字来源于电影《绿野仙踪》当中的小矮人芒奇金。对于这种猫的毛色和花纹没有严格的规定。短毛品种的毛比较短，有着毛绒的纹理和惊人的抗寒能力。不寻常的是，在培育长毛和短毛的芒奇金猫时所用的亲本居然都是非纯种的猫，由此，相对于虎斑纹的猫，图片上的这只黑猫这样的自带（固有）毛色就显得不常见了。（全身没有白毛的全黑猫多为纯种猫，杂种黑猫身上有白斑，从芒奇金猫的身世看，本不该有纯种猫的品相，所以作者才有此感叹。译者注）

特征、特性

具体内容参见 82 页

繁育

在这种猫存在之前的 1944 年，美国就有类似短腿猫的系列报告，因第二次世界大战的影响，另一种有短腿突变的猫在欧洲消失了。几乎可以明确的是芒奇金猫的短腿是常染色体隐性突变的结果，这就意味着两只芒奇金猫配对，所产生的后代都是芒奇金猫；如果一只芒奇金猫和一只普通流浪猫配对，在产生的第一代猫当中不会有芒奇金猫。假如你想找一只不会跳到案板上偷食的猫，那么芒奇金猫是个很好的选择。你也会发现要捉住一只芒奇金猫不很容易，因为它们尽管腿短，也能跑得飞快。

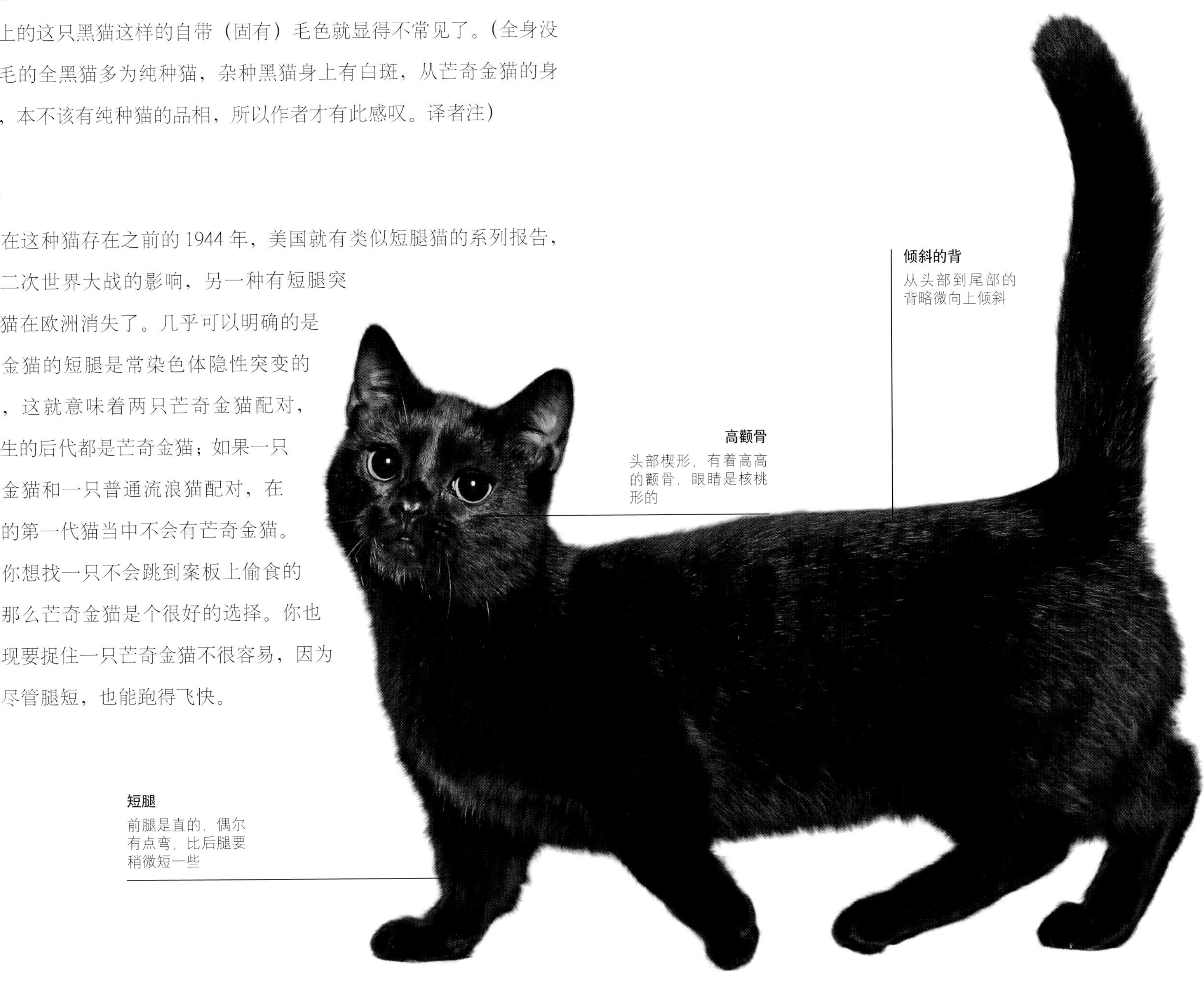

7. 暹罗猫Siamese

暹罗猫是最与众不同、最有名的猫，它们以光滑的短毛和色点状斑纹的特征而出名，这些深色的毛区都位于身体的各个远端。

概 要

- 打理很简单
- 情感丰富
- 性格外向
- 特别爱叫

溯源

经过西方的培育，这种猫如今的相貌已经有了很大的改变。它们是在20世纪的后半叶从泰国来到西方的，当时的暹罗猫的头形要比现在的圆。古老的暹罗猫如今在西方得到了改良（见39页），以三角形的脸，瘦削的身体线条而与众不同，成为现代猫展中的特色血统。还有一种未被广泛认可的改变是被一些猫展机构认定的毛色，像红色点这样的非传统形态在一些育种者之中就存有争议。

	特征、特性	备 注
简述	色点的毛色随着幼猫的长大而显现	初生的幼猫是白色的
个性	高傲但重感情，需要关注。不是很安静的宠物	
相貌	毛色随年龄而改变，身体两边的色晕会越来越明显	像海豹斑那样的深色品种当中尤其明显
在家表现	强健，在屋里屋外都喜欢攀爬。需要提供猫抓板	
行为	性成熟早。母猫叫起来尤其响亮	
美容	打理起来很简单，多抚摸即可	
常见健康问题	眯眼和扭尾巴的情况多出现在现代血统中。有呼吸系统感染的风险	特别容易因喝牛奶不消化而引起腹泻

绝育形成的改变

暹罗猫是性成熟较早的品种，年轻的母猫可能要在3～4个月的年龄阶段就准备实施绝育。这种手术也叫阉割，可以防止计划外产子的风险。还有很重要的一点，绝育也是为了保持家居环境的安静，因为这些猫求偶的时候叫声响亮而持久，能让你家甚至邻居的家不得安宁。暹罗猫通常是经由腹部中线的一个小切口而不是在身体侧面施行绝育，那样可以防止它们身体两边的毛色显著变深，这是因为在手术后，手术部位被剃掉的毛重新长出来后，身体该部位的温度比较低，较低温度区域的毛色会变深。

蓝眼睛
所有品种的暹罗猫都有很生动的蓝眼睛，跟身体色点的颜色无关

辅助平衡
长而窄的尾巴能帮助猫控制身体平衡

斑纹
身体各远端部位，所谓的点区域，毛色都比身体颜色深

8. 拿破仑猫Napoleon

拿破仑猫是最近才培育出的新品种之一，是用芒奇金猫和长毛波斯猫的刻意杂交育成的。波斯猫在其中起的作用不仅是让拿破仑猫也有着长毛，两者在脾气上也很相似。

概 要

- 很特别的相貌
- 种性尚不稳定
- 多种毛色
- 有吸引力的宠物

溯源

短腿芒奇金猫的出现，改良了纯种猫的血统，尤其是在这种猫的发源地北美。对于拿破仑猫的培育始于1995年，一种短腿的犬（巴吉特猎犬）的培育者受到启发，开始一项品种猫繁育计划。他给猫选定这个名字是因为这些猫具有著名的法国统治者拿破仑·波拿巴那样的五短身材。在气质方面，它表现出双亲品种的温柔、慵懒，热衷于陪伴主人。

外貌

必须要记住，拿破仑猫是猫族中的新兴品种，在外貌上要比那些很稳定的老品种有更多的变化。拿破仑猫最好要保留波斯猫那样的圆脸，但是可能导致呼吸问题的塌鼻子就尽量不要保留；同样，波斯猫典型的长毛特性最好不要在拿破仑猫身上体现为太长的体毛，否则就会给美容管理带来麻烦。

	特征、特性	备 注
简述	最新的育种杂交也有短腿芒奇金猫参与其中	这个新品种是跟波斯猫杂交的结果
个性	比波斯猫更活泼，但依然表现出温柔、恋家的天性	
相貌	圆脸大眼，像洋娃娃	保留着芒奇金猫那样的短腿
在家表现	完全长成后具有很吸引人的友善性格	
行为	喜欢有人陪伴，但是比波斯猫更活跃	
美容	经常梳理、刷毛，防止毛发缠结	毛发不像波斯猫那样浓密
常见健康问题	没有记录。可能会遗传由波斯猫血统带来的肾病	脸型不像波斯猫那样极端，泪斑不会成为真正的问题

9. 新加坡猫Singapura

这种猫在新加坡街头被发现多年后，被认定为世界上最小的猫。就像其他的东方猫种那样，它没有浓密的底毛，皮毛不怎么需要打理。

概 要

- 稀有品种
- 特别的外貌
- 仅有棕色刺豚鼠那样的毛色
- 皮毛照料简单

溯源

近年来关于这种猫的起源受到挑战，围绕着这种猫的起源，进口到美国的原始文件的内容有一些出入，最新的DNA分析表明它跟缅甸猫有着很近的关系。比较能被接受的版本是：豪和汤米·麦道这一对爱猫的夫妻，在新加坡街头收容了一些流浪猫，在1975年回美国的时候带回了其中的四只猫，这些形成了如今新加坡猫的血统基础。六年后，另一个育种者在新加坡的猫救护中心发现了一只几乎一样的猫，也被进口到美国，参与到该品种的培育中。

毛尖色纹理
作为一种具有毛尖色的品种，新加坡猫通体有着很具特色的深色毛尖

小身体
这种猫的小体型和狭窄身体使它得到了"下水道猫"的别称，反映出它的身世

毛色
毛色被描述为刺豚鼠棕褐色，在铁锈色底毛上有着棕色的毛尖

关系

新加坡猫被认定为一个自然品种。DNA研究确定可以分析它来源的遗传基础很小，在新加坡的扩大寻找也没能发现跟30年前的猫有着类似遗传标记的猫，这可能是当年发现这种猫的地区已经被大规模重新开发了，原生的猫群体毫无疑问就会流离失所。要发现这类猫不是很容易的事情，因为它们很胆小，会在下水道里躲过人们的视线，由于这个原因，直到如今，新加坡猫依然被称为“下水道猫”。

特征、特性		备 注
简述	又一个自然变异产生的著名品种	只有一种毛色的毛尖色品种
个性	活泼好奇，跟主人关系融洽	
相貌	体型特别小，很可爱的相貌	被西方了解之后，新加坡猫的体型略有增大
在家表现	恋家重感情，在小空间内适应良好	
行为	喜欢爬高，会在家里的高处栖身	
美容	因为没有多少底毛，修饰起来很容易	
常见健康问题	没有记录。母猫偶尔可能会有宫缩乏力的情况	因为肌肉乏力，幼猫诞生要施行剖宫产

10. 肯尼亚猫Sokoke

肯尼亚猫又被称为“非洲短毛猫”。这是一种有着斑点纹和不寻常大理石纹，为数不多的来自非洲的现代猫种。它们的行为同样不寻常，举例来说，这种猫的公猫会协助母猫抚育后代。

概 要

- 花纹独特
- 非洲品种
- 脾气温柔
- 跟家庭成员和睦

	特征、特性	备 注
简述	在肯尼亚发现的当地原生品种	来自非洲的很稀有的家猫品种
个性	友善，适应性强，跟家庭成员感情深	
相貌	花纹独特，两侧条纹像木纹	有些情况下，刺豚鼠般毛尖的颜色可以延伸到尾部
在家表现	在家表现良好，喜欢较温暖气候	
行为	公猫会帮着照料幼猫，断奶比较慢	
美容	梳毛可以让皮毛保持良好的状态	相对缺乏底毛的情况可以简化修饰皮毛的过程
常见健康问题	对低温敏感，易受到各种感染的影响	及时接种疫苗

溯源

1978 年这些猫被两个欧洲女性发现之前，它们的一个当地种群可能已经在肯尼亚沿海的阿拉布库索可可森林生活了很多世纪（这种猫因此也被称为索可可猫。译者注）。当地的土著部落把它们叫做“卡德宗佐”，翻译过来的字面意思是“像树皮一样”，用以形容它们独特的身体花纹。用 DNA 分析技术对它们的起源进行的深入研究揭示它们属于亚洲猫系，是非洲野猫阿拉伯亚种（*Felis silvestris lybica*）的后裔。由于发源于温暖地区，所以它们缺乏浓密的底毛，所以针毛紧贴身体，强化了纹理的视觉效果。

进化

有两只这种猫被引进到丹麦，首次参加了 1984 年在哥本哈根举办的猫展示会，随后又有三只于 1991 年被引进。本世纪初，有一批所谓的新血统肯尼亚猫被进口到欧洲和美国，以壮大它们的遗传种质库。肯尼亚猫不太喜欢寒冷天气，而且对欧洲的猫可以抵抗的很小的感染也十分敏感，由此要严格保证它们完全接种了疫苗，不能放任它们在外面游荡而接触到别的猫。

科拉特猫

这类猫适合那些欣赏周围环境中一切优雅和美丽的事物，也追求完美风格和个性的人群。

索马里猫

超酷的猫

在判定一只猫是不是很迷人的时候，毛色并不是判断的唯一标准，它们的体态、品种和花纹都是重要的考量因素。在审视的过程中，眼睛也是很容易被忽视的因素，不管毛色如何，眼睛的大小和形态能明显地增加猫的魅力，这是数百年来人们达成的共识。

在产生于暹罗（如今的泰国）历史上的大城府时期（1350 ~ 1767 年）的《猫诗集》中，在科拉特猫银色的毛发衬托下，它的眼睛就被描述成仿佛荷叶，公认的财富象征。

尽管有人觉得自己喜欢的猫就是最漂亮的，但是从那时候起，很多猫的品种纯粹是出于养眼的目的而被培育出来，这种势头一直延续到今天。希望你会一直和你的酷猫保持长期的亲和，在所有成功的关系中，性格的兼容也很重要。

俄罗斯猫

1. 澳大利亚雾猫 Australian Mist

这种以前被叫做〝斑点雾猫〞的可爱猫有着迷人的大眼睛，它温顺的性格更值得称道，是老少皆宜的理想伴侣宠物。值得一提的是，在澳大利亚以外的地方，它们仍然鲜为人知。

概 要

- 毛的纹理很漂亮
- 澳大利亚最常见
- 有七种毛色
- 皮毛容易整理

溯源

这种猫的培育者托达·史托德博士选择了阿比西尼亚猫和缅甸猫作为杂交亲本，掺杂着普通的非纯种猫的血统，培育出了这种猫的祖先。他的初衷是培育一种带有斑点的品种，到后来，猫身上除了斑点，也出现了大理石纹，这就使得这种猫如今的名字改为澳大利亚雾猫。这两种纹理也都能出现在这种猫的七种新毛色品种中，这七种新毛色是棕色、蓝色、巧克力色、淡紫色、焦糖色、金色和桃色。它的皮毛软而亮，因为没有密集的底毛，猫的外表看上去有一种光滑的感觉。

	特征、特性	备　注
简述	澳大利亚以外不常见的品种	
个性	脾气温和、安静、放松和友好	
相貌	中等体型，身体的短毛突出了漂亮纹理	头部的形状强调了迷人的眼睛
在家表现	幼猫很活泼好动，但不表现出很强的捕猎本能	
行为	寻求人的陪伴，能跟别的犬、猫相处融洽	不喜欢抓挠，是幼儿家庭的好选择
美容	做起来很简单，抚摸可以让皮毛更加光亮	
常见健康问题	基本没有发现问题，但所有猫要定期接种疫苗	

外表

跟别的猫不同，澳大利亚雾猫炫酷的外表是由三种不同因素形成，而非一般猫通常的两种。毛色的背景是浅淡的，毛尖的顶部叠加着点斑，在没有点斑的部位存在着毛尖色，这就形成了看上去像雾一样的特殊效果。澳大利亚雾猫还有一点在猫族中几乎是独一无二的情况，通过繁育记录，这种猫的血统能一直被追溯到最早的那只祖先猫。

2. 巴厘猫Balinese

这种猫跟印尼的巴厘岛没有直接关系，只是培育它的人觉得它们的优美雅致和走路姿态很像巴厘岛当地的舞者，所以才取了这样的名字。它们跟暹罗猫（见86页）有着很近的亲缘关系。

概 要

- 外形漂亮
- 半长毛发
- 走路优雅
- 品种较多

	特征、特性	备 注
简述	长毛的暹罗猫，虽然有个亚洲名字，却是西方培育的	
个性	活泼，性格外向，热切寻求人的陪伴	
相貌	色点型，肢体毛色跟身体毛色不同	有着暹罗猫所有的毛色，眼睛蓝色
在家表现	很爱叫，幼猫有时候很粗野	
行为	被列为最聪敏的猫之一，很活泼好动	性成熟早，需要尽早施行绝育手术
美容	虽然是长毛，因缺少底毛，修饰起来很简单	尾巴毛茸茸的，体毛却比较平顺
常见健康问题	容易有上呼吸道感染的风险	

溯源

如今很难确定长毛的隐性基因具体是何时，以及如何进入暹罗猫的血统当中的，但可以确定这大概发生在20世纪20年代前后，那时候有母的暹罗猫产下具有较长的体毛和蓬松尾巴的幼猫。在美国，猫的爱好者们决定将这些长毛的猫培养成独立的品种，这些长毛的暹罗猫在1961年最终被定名为巴厘猫。就像暹罗猫一样，在巴厘猫当中也存在不同的类型，传统的巴厘猫有着较圆、不太前凸的脸。它被认为是一种很聪明而有感情的猫，漂亮的外貌可以为它额外加分。

毛色

巴厘猫最初是在四种传统毛色的暹罗猫当中育成的，分别是海豹色点、蓝色点、淡蓝紫色点和巧克力色点，然而近年来也跟暹罗猫的情况一样，产生了很多的毛色品种。有些品种存在争议，一些新的毛色，如红色点和玳瑁色点有时候会被归入爪哇猫的名下，名字的由来是出自位于巴厘岛附近的爪哇岛。

大而尖的耳朵
耳根很宽，耳朵里的长毛被称为饰毛

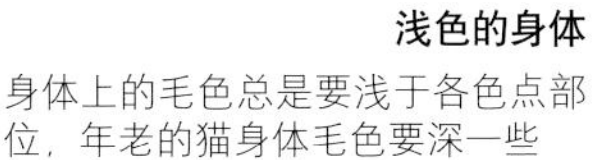

浅色的身体
身体上的毛色总是要浅于各色点部位，年老的猫身体毛色要深一些

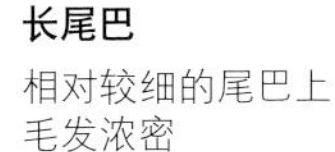

长尾巴
相对较细的尾巴上毛发浓密

3. 孟买猫Bombay

孟买猫又叫“孟买黑豹”，这是缅甸猫（见56页）的又一种衍生品种，有着发亮的黑色皮毛，配以黄铜色或者绿色的眼睛，显得很精神，这是一种根据印度的城市孟买（古称Bombay，现改为Mumbai）命名的猫。

概 要

- 迷你的“黑豹”
- 皮毛容易打理
- 吃东西不挑剔
- 跟犬相处得好

溯源

孟买猫如今有两个不同的品种：具有美国血统的孟买猫是在1958年由美国肯塔基州的尼基·荷娜育成，她用美国短毛猫（见104页）和缅甸猫杂交，寻求将这种猫育成微型黑豹的模样；英国的育种者走的则是不同的路数，用的是当地的短毛猫来达到同样的目的。在这两种类型的孟买猫中，偶尔都会产下具有紫貂色（深褐色）皮毛的幼猫，这是缅甸猫血统在育种过程中产生的影响。毛很短，纹理很特别，带有缎子般的效果。皮毛闪亮光滑，直到毛根都是一种颜色，很好地勾勒出身体的轮廓。

照料事项

孟买猫通常都有着好胃口，所以很容易肥胖，且不说会造成健康的隐患，还会影响它苗条的身姿。特殊的皮毛不需要特殊的照料，定期的抚摸、修饰就足以让它的皮毛看起来整齐光亮，全年的毛发长短和状态不会有很大的变化。在脾气方面，孟买猫可以和犬玩在一起，却跟别的猫相处得不太好。

	特征、特性	备 注
简述	外形靓丽，与众不同，脾气温柔	
个性	容易紧张但感情丰富，对家庭成员友好	
相貌	通体黑色，有古铜色的眼睛，毛发闪亮	有着暹罗猫所有的毛色，眼睛蓝色
在家表现	喜欢安静，需要保持平静的环境	对于有顽皮孩子的家庭可能不是最佳选择
行为	会受到噪声的困扰，在户外活动时会感到紧张	晚上要收回家，尤其是在夜晚外面放焰火的情况下
美容	很简单。经常抚摸能去除脱落的旧毛，使皮毛光亮	
常见健康问题	会发生第三眼睑突出的情况，俗称樱桃眼	有的孟买猫幼猫出生时偶尔会有腭裂现象

圆圆的脑袋
肌肉结实，在两眼之间的轮廓线有适度的“中断”变化

中等的体型
大概要两年的时间，孟买猫的皮毛才会达到最佳状态

圆圆的脚
腿和身体的比例匀称，胸部也是圆的

4. 埃及猫Egyptian Mau

埃及猫是最漂亮的斑纹猫之一，无论是相貌还是气质都很出色。这里见到的是银色斑纹品种，绿色的眼睛在黑色眼线衬托下，显得特别动人。

概 要

- 纹理漂亮
- 斑纹有个性特点
- 体型较小
- 丝质短毛

溯源

虽然埃及猫比较小的头上长着的大眼睛，给人一种表情有点忧郁的感觉，它们实际上是很平静和放松的伴侣宠物。最早起源于埃及开罗街头的流浪猫，对于这种猫的主要培育工作是在美国完成的，如今在猫展上很常见。而在欧洲，那里的育种专家们目前把精力都集中在东方系的斑点猫身上，人们实际上对于这种猫所知甚少。在性格方面，埃及猫友好而自信，适应家庭的生活。它们的发音很不寻常，跟主人互动的时候经常能听到一种非常特别的笑声。这种猫有着自然的运动天赋，跑起来没有多少猫能追得上。

独特斑纹

据说埃及猫是家猫中唯一具有很自然斑点的品种，斑点在身体各个部位随机分布，在大小和形状上有很多变化，只是在背部才形成平行的条纹，有时候在尾巴根部融合成条斑。这种形式的纹理最重要的是要界限分明。

特征、特性

具体内容参见 61 页

5. 欧系缅甸猫European Burmese

这些猫有着柔软浓密的皮毛，温柔的性格和依人的天性，使得它们漂亮而又讨人喜欢。它们跟暹罗猫（见 86 页）有很近的关系，在个性方面也显得更慵懒一些。

概 要

- 多种毛色
- 有感情，依赖人
- 毛发易打理
- 恋家

溯源

这些缅甸猫群体和具有美国血统的缅甸猫没有本质上的不同，这些猫的先驱就是从美国出口到欧洲的，而到了欧洲之后，这些猫被按照不同的路径进行培育，从它们如今存在的外貌变化就能看出来。可以从暹罗猫在欧洲被认可品种特性的情况反映出来，譬如红色系是被认可的，虽然它不是暹罗猫的传统毛色。这种特征在欧系缅甸猫血统中的引入，使得毛色的类型增加到十种，包括奶油色（如图）和红色，更不用说在美系缅甸猫当中不认可的玳瑁色品种。

外形和个性

欧系缅甸猫跟缅甸猫有差别，不仅体现在毛色上，外表体型上也不尽相同，所以被归在不同的类别中。暹罗猫基因在欧系缅甸猫当中的大量引入使得这种猫的眼眶较弯曲，而相比之下，美系缅甸猫的眼睛更圆。两者的个性相似，温和的个性使得它们能够和犬甚至是别的猫在一起相处和谐。

	特征、特性	备 注
简述	比起暹罗猫来略显腼腆，身材矮胖	
个性	友善，多情，不是特别吵闹和狂躁	
相貌	以较明显的头部轮廓线区别于美系缅甸猫	
在家表现	在家很活泼，需要经常的关注	过度理毛会造成毛发脱落，需要看兽医
行为	喜欢攀爬玩耍，在家要提供合适的玩具	
美容	缺乏底毛使得美容修饰十分简单	用软的皮革轻擦皮毛会使毛色更亮
常见健康问题	会发生第三眼睑突出的情况，俗称樱桃眼。需要手术矫治	不会有美系缅甸猫那样的头或心脏缺损的情况出现

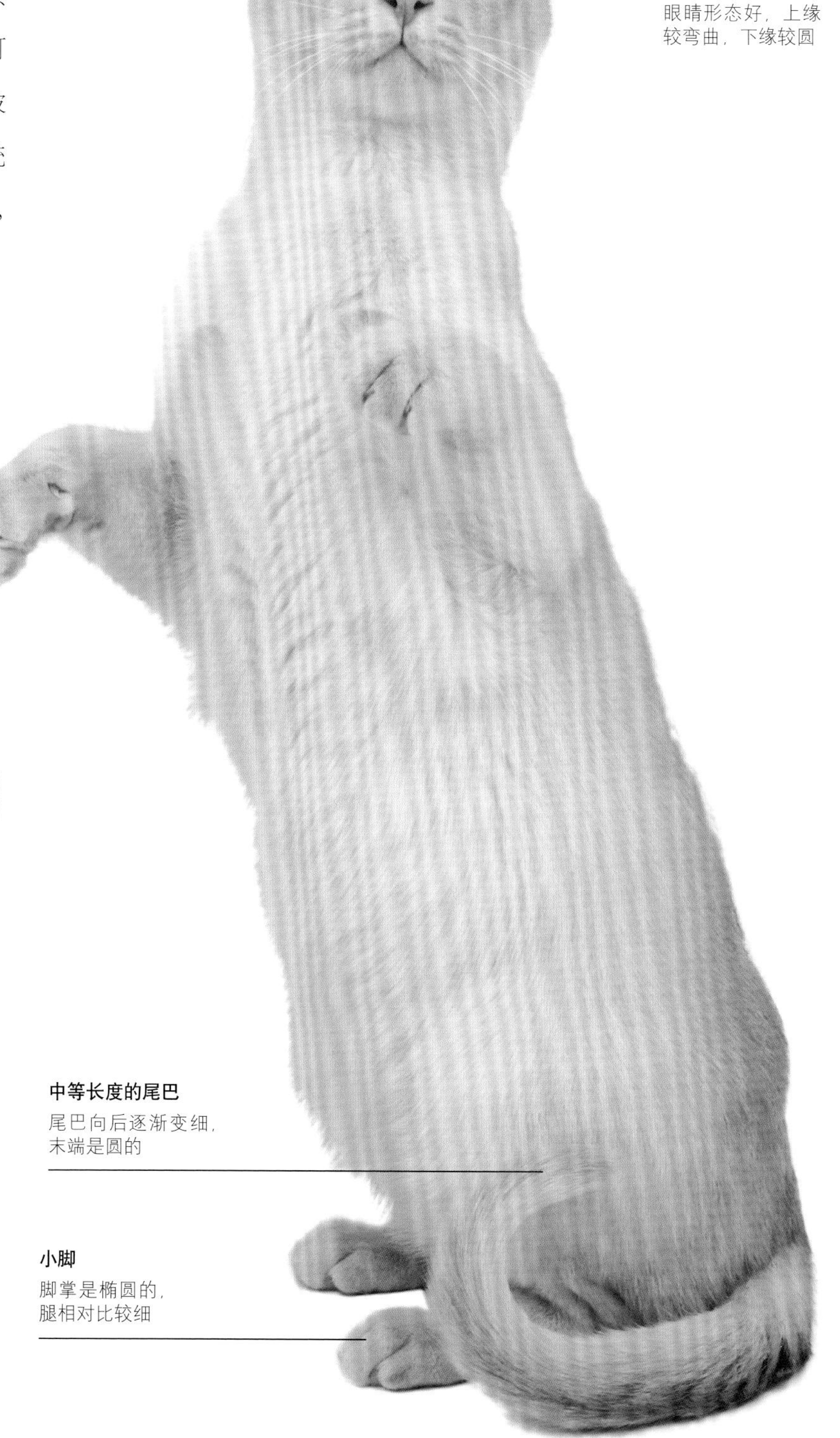

大眼睛
眼睛形态好，上缘较弯曲，下缘较圆

中等长度的尾巴
尾巴向后逐渐变细，末端是圆的

小脚
脚掌是椭圆的，腿相对比较细

6. 科拉特猫Korat

科拉特猫又被称为〝银猫〞。这种古代泰国的品种完美地反映了银蓝色的毛发和眼睛色彩的对比是如何形成完美组合的。在它的故乡有很多关于它的神话传说，据说它能给主人带来好运。

概 要

- 不寻常的心形脸
- 发亮的大眼睛
- 独特的毛色
- 发育慢

溯源

1959 年，第一批科拉特猫抵达美国，如今这种猫的祖先可以直接追溯到从泰国进口的这批猫身上。不同寻常的是，那些经常为了增加更多毛色品种而进行的远缘杂交的做法在这种猫身上是不被允许的，这就使科拉特猫能保持特有的毛色。毛是蓝色的，但是在每一根毛发的端部都有很特别的银色光泽，受到光线的影响，毛发看起来有光晕围绕着身体的效果。科拉特猫的大眼睛也很特别，有着绿莹莹的颜色。

年龄判断

这种猫的英文名来自于泰国东北部的科拉特省，在那里这种猫在 1 000 多年前就有饲养，当地称它为“撒瓦特猫”，名字来自于当地的撒瓦特树，这种树的种子是灰蓝色的，就跟这种猫的毛色一样。科拉特猫成熟得比较缓慢，幼猫的眼睛要到两岁以后才会像成年猫那样，呈现黄色或琥珀色的光晕。

	特征、特性	备 注
简述	漂亮而很特别的品种，历史悠久	有的科拉特猫血统中会出现淡紫色个体
个性	坚定，活泼好动，对人友好	
相貌	因毛色特殊而闻名，蓝色的短毛有银色的毛尖。眼睛绿色	
在家表现	由于缺乏底毛，它会感到冷	科拉特猫缺乏能抵御寒冷的皮下脂肪层
行为	能发出各种叫声，喜欢玩耍和攀爬	
美容	只要简单的擦拭就能保持皮毛的光亮整洁	单层毛发，没有密集底毛
常见健康问题	就像别的亚洲猫那样，对上呼吸道感染敏感	要确定猫的一生都在疫苗的保护之下

7. 俄罗斯猫Russian

很多年来，这种猫一直被叫做“俄罗斯蓝猫”，如今某些猫展机构也认可这种猫的黑白花品种，所以这种猫名称中的“蓝”字有被移除的倾向。

概 要

- 很安静
- 据说是低敏性品种
- 活泼，忠诚
- 不喜欢陌生人

	特征、特性	备 注
简述	自然的短毛品种，传统毛色是银蓝色的	以往被称为俄罗斯蓝猫。如今已经有了其他毛色，譬如白色
个性	机灵活泼，想玩耍的时候会把玩具叼到主人面前	
相貌	中等体型，短而密的毛，公猫体型略大	
在家表现	特别敏感，在陌生人面前很害羞	又一种来自极北地区，据称是低致敏性的猫
行为	性格文静，不喜欢嘈杂环境，喜欢外出	
美容	简单的梳理就能很容易地保持双层皮毛的光亮整洁	
常见健康问题	DNA检测排除神经节苷脂沉积症这种代谢疾病	

溯源

这种猫跟俄罗斯北方港口阿尔汉格尔斯克有着密切联系。19世纪60年代就是由这里的水手第一次把这种猫带到英国去的，被冠以阿尔汉格尔猫的名字展出。到第二次世界大战结束时，这种猫的境况已经难以确定，被用来和暹罗猫杂交，并以这样的方式存世。俄罗斯猫到美国后进入了一个崭新的阶段，经过仔细选择的俄罗斯猫被移除了大部分暹罗猫血统的影响，使得这种猫的实际起源在经过一段迷失的时期后又得到重现。

特征

皮毛有着银色的毛尖，看起来有一种闪亮的效果，俄罗斯猫的幼猫眼睛是蓝色的，成年后成为较暗的绿色。纯色的情况也适用于黑白花的品种，这种色型的猫是20世纪70年代在澳大利亚率先育成的，在那里很出名。所有的俄罗斯猫都有特殊的双层毛发，底毛的长度跟针毛一样，由此形成了非常浓密柔软的体毛，可以极有效地抵抗寒冷。

蛇一样的脑袋
俄罗斯猫的头从形态和平面看都像眼镜蛇的头

外形
这种猫肌肉强健，同时也保持着优雅的姿态

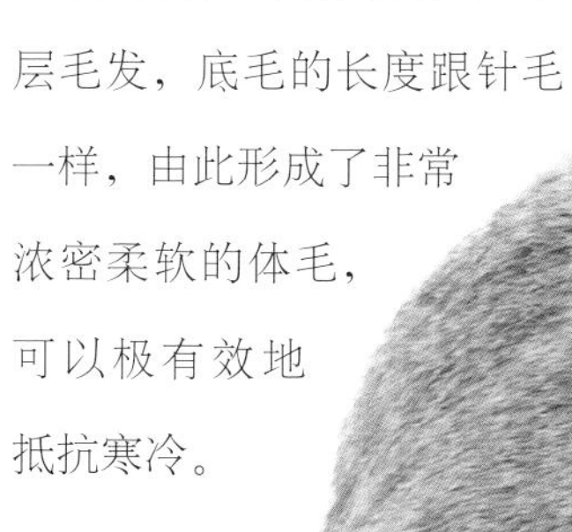

浓密的体毛
这使得毛发都是紧挨着竖立而不是披散的

8. 雪鞋猫Snowshoe

雪鞋猫因其起源存疑而饱受争议，而它作为展示品种的地位也因其斑纹状态无法预见的特殊性而受到挑战。

概 要

- 忠实伴侣宠物
- 和孩子相处和睦
- 会游泳
- 斑纹特别

溯源

雪鞋猫的起源要上溯到20世纪60年代，美国费城的多萝西·亨斯·达赫迪所养的一只暹罗猫产下一窝三只幼猫，每只幼猫都具有腿脚有白斑的特征。为了将这样的体征融入到品种中去，它们的培育者用双色的美国短毛猫和暹罗猫进行配对，但是此举遭到暹罗猫育种者们的反对，他们担心这种特别的白斑的性状会在暹罗猫的血统中变得更加明显。最终还是另一位育种者维基·欧兰达在1974年育成的这种猫获得了猫展的初步认可。因它的脚白色，如穿着雪鞋般，故得名雪鞋猫。

斑纹和行为

雪鞋猫的形象中包含了很多不同的基因，譬如形成脸上的倒“V”字形斑纹和形成四肢斑纹的基因不是同一回事。斑纹的对称性是判断高品质雪鞋猫至关重要的特征，而斑纹不规整的个体也能成为很好的宠物。它们机灵，重感情，经常对水表现出特别的偏爱。就跟其祖先暹罗猫一样，雪鞋猫也是特别爱叫的品种。

	特征、特性	备 注
简述	要得到一只斑纹完美的猫不太容易	斑纹不理想的个体在气质上没有差别，也能成为好宠物
个性	友善而多情，比暹罗猫更文静	
相貌	体型比较大，属于色点猫类型。脚白色	
在家表现	通常不喜欢长时间独处	如果白天不在家，考虑养一对猫互相陪伴
行为	会〝喵喵〞叫以引起你的注意，不像暹罗猫那样吵	经常表现出对水的偏爱
美容	简单的梳毛就行，修饰整理相对容易	
常见健康问题	没有什么明显的遗传性疾病	

9. 阿比西尼亚野猫Wild Abyssinian

这些不寻常的猫已经被饲养超过一个世纪，之所以还被称为野猫，是为了跟常规的阿比西尼亚猫（见 44 页）有所区别，两者都有深色的毛尖，醒目的斑纹，都是机灵而富有感情的猫。

概 要

- 不寻常的稀有品种
- 具有毛尖色纹理
- 友善
- 活泼好动

	特征、特性	备 注
简述	稀有品种，近年来数量更少	这不是野猫，跟阿比西尼亚猫没有关系
个性	大而和善的猫，性格比较活泼	
相貌	大版本的阿比西尼亚猫，腿上条纹可加以区分	毛尖色纹理，但不像在阿比西尼亚猫身上那样明显
在家表现	典型的平均性格，反映出它的非纯种血统	
行为	性格独立而活泼，训练它能够接受主人呼唤	
美容	发亮的短毛，整理起来相对容易	
常见健康问题	没有记载。对于最近引入西方的东方猫来说，免疫接种很重要	

其他不同

阿比西尼亚野猫在一定程度上要略大于阿比西尼亚猫，头上有着非常明显的“M”形的“皱眉”纹，这是很多虎斑猫都有，也见于阿比西尼亚猫的特征，在尺寸上要略大一些，还有着更加圆胖的面孔。自 20 世纪 80 年代被发现，并被阿比西尼亚猫的爱好者托德·斯文森带到美国马萨诸塞州以后，这种猫尽管确实存在，但目前的数量依然比较少。

溯源

阿比西尼亚野猫的祖先发现于新加坡雨林中的一块蛮荒之地，跟阿比西尼亚猫的原产地非洲没什么关系，有趣的是，两者的斑纹很相似，据称如今的阿比西尼亚野猫的样子跟阿比西尼亚猫最初的样子很接近，毛发上有典型的深浅交替的条纹，也有着在经过选育的阿比西尼亚猫身上已消失的虎斑纹特征，包括被称为项链纹的颈部黑色圈纹，更不用说腿上的条纹了。斑纹变化有着个性化的特点，人们很容易在此基础上对不同的个体加以识别。

虎斑纹
皮毛上的这些炭黑色区域是可变化的特征

尾巴斑纹
这里的斑纹也有变化，但依然是深浅圈纹交替的样式

腿后方
后腿后面有黑色的毛，在猫站立或走动时很明显

10. 索马里猫Somali

作为阿比西尼亚猫的长毛品种，索马里猫眼睛周围的深色使它们看起来更神气。不仅是走路的姿态优雅，身上的纹理在活动的时候也有一种闪闪发亮的感觉。

概 要

- 条纹漂亮
- 聪明
- 长寿
- 喜欢捕猎

溯源

第一只具有长毛形态的阿比西尼亚猫从出现到被展示机构认可，再发展成独立的品种，其间经历了很多年。如今的索马里猫在美国首次得到了认可，受到全世界猫迷的关注。它的毛发虽不像波斯猫那样的长毛品种般浓密，脖子周围还是有着很醒目的长毛，在冬季的时候尤其明显。因此索马里猫需要更多的毛发修饰，特别是在春季，当长毛开始脱换的时候。

修饰与健康

跟别的长毛猫一样，如果不经常整理索马里猫的毛发，毛发就会起球，而它们整理自己毛发的时候就会吞下这些毛球，最终导致毛发积聚在胃里。当你的猫患有“毛球症”的时候，最明显的症状是吃东西开始挑剔，比平时更多地挑较小的肉块吃。如果怀疑你的猫存在这种问题，最好去征求兽医的建议。

特征、特性

具体内容参见 53 页

这个类型的猫适合那些在生活中喜欢自然、寻求适应性强和听话宠物的人群。

玳瑁纹加白色猫

工作猫

虽然有些漂亮的猫是通过小心挑选不同的品种而培育出来的，如今很多特别和大众化的猫却是从非纯种猫的群体中通过基因突变而自发产生的，经过选育后转化成为认可的品种。这并不等于说这样的猫就会比别的品种更健康和健壮。实际上，不管它们的出身如何，这些猫基本上不会有困扰纯种犬的那些先天的和遗传方面的问题发生。

能把各有特色的猫联系在一起的是它们的气质，本章内列举的猫通常都是适应性强和顺从的，不用担心养在家里会有什么问题，只是一般地说来，长毛的品种在美容修饰方面要比短毛品种多操一些心。

听起来似乎这一组猫样子都差不多，而实际上这一组的猫在外观上就有很大不同，不仅仅是从毛发上，而且还在眼睛的颜色和耳朵的形状上有差别。它们生来就有很多毛色和花纹的变化，很多情况下，它们的用途也不尽相同。

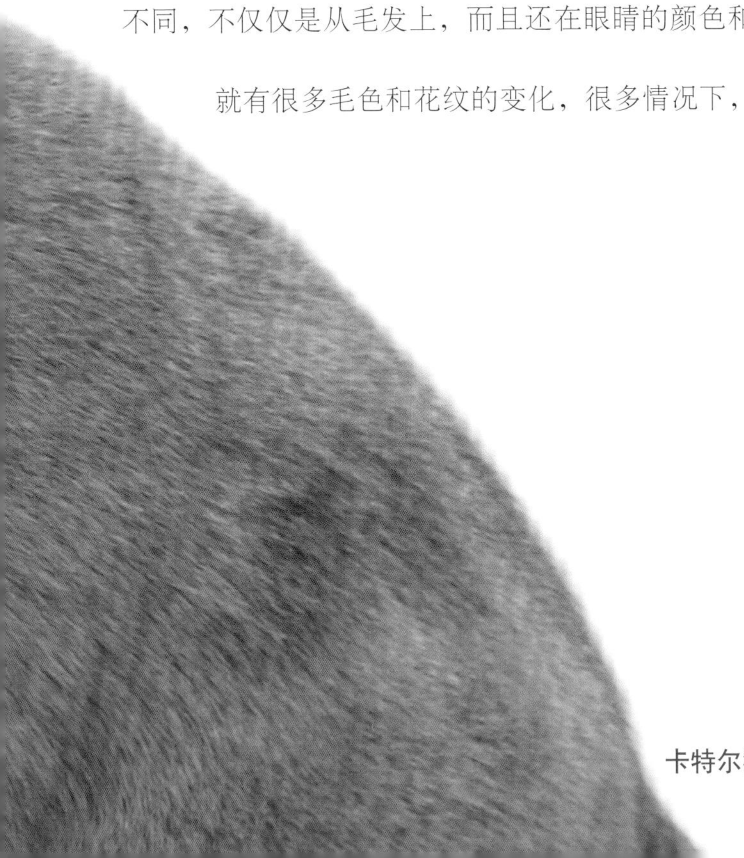

卡特尔猫

银色虎斑猫

1. 美国短毛猫American Shorthair

在这种猫的早期阶段，即便是非纯种猫也能被登记到家养的短毛猫类别中，这就形成了很宽的基因带，使得很多种的毛色和纹样可以被培育出来。

概 要

- 友善
- 多种样式
- 活泼好动
- 毛易打理

溯源

这种猫在1965年被更名，为的是强调它的身世，把它跟英国短毛猫（见46页）和欧系短毛猫（见108页）有所区分。或许是由于大家都来自于非纯种的猫，这些不同的群体中也存在潜在的相似点，美国短毛猫在海外并不广为人知，然而它们在北美的猫展和宠物行业中都拥有坚定的追随者。具有讽刺意味的是，第一只被认可的这个品种的代表却是一对英国短毛猫所生。如今，这个品种的体型变大了，美国短毛猫要略大于英国短毛猫。

毛色和纹样

这种猫的所有毛色和品种都被认可为展示品种，尽管其中登记的个体间会存在一些差异。古典的（斑块型）和鲭鱼纹（条纹型）的虎斑猫被普遍认可，而毛尖色的和斑点形式的则不被广泛认可。因为早期在美国能见到的很多都是斑纹猫，所以下图展示的斑块虎斑纹样式被认为是这种猫的传统形式。

	特征、特性	备 注
简述	很像寻常家猫，体型略大些	最初有很长一段时期被称为家养短毛猫
个性	友善，适应能力强，跟人和犬相处融洽	
相貌	身体强壮，体型较大，表情警觉。公猫略大	生来就有多种毛色和纹样
在家表现	沉稳，富有感情，但也喜欢出去游荡	
行为	喜欢外出，不推荐作为纯粹的室内猫	
美容	很简单，偶尔梳理一下即可	
常见健康问题	能患上肥厚性心肌炎这样的心脏疾病	无法根治，但药物可以缓解病情

2. 美国长毛卷耳猫 American Curl Longhair

这些猫的卷耳让它们看起来不同寻常，这种形态的耳朵不会带来任何不利的影响。它们具有温和、宽容的性格，是极佳的伴侣宠物。

概 要

- 特别的外表
- 轻松、安静的性格
- 有很多种毛色
- 修饰起来很容易

	特征、特性	备 注
简述	来自家养流浪猫的一种变异品种	
个性	活泼，反应灵敏，很适应居家环境	
相貌	体型适中，具有丝质毛发的长毛和短毛品种都有	生来就有多种毛色和纹样
在家表现	生性友好，富有感情，是很好的伴侣宠物	
行为	喜欢人的陪伴，常热切地寻求人的关注	
美容	没有浓密的底毛，打理起来相对简单	即便是长毛种也没有特别浓密的毛
常见健康问题	除了卷耳，没别的问题。卷耳也不会带来麻烦	要避免猫的卷耳被孩子扭伤

溯源

事情还要回到1981年，加州的一对夫妇格瑞斯和约翰·路噶在家的附近见到两只流浪猫，他们给猫提供食物，不久后就有一只猫熟悉了他们，那是一只有着黑色发亮长毛的母猫，耳朵在耳尖部位是卷曲的。夫妇俩给它起名“修拉米斯”，意思是“好脾气”。它后来生了一窝四只幼猫，其中的两只也有着类似的卷耳，这表明卷耳的特征是显性的遗传，如果把一只卷耳的猫和一只普通的猫配对，在出生的猫中就有一定比例的卷耳个体，这种特性就很容易培育。

照料

在长毛的品种中，底毛都很少，毛发丝质光滑，紧贴身体披散下来，对于这些猫的美容修饰就不太费劲。由于不断地选育，卷耳的特性得到强化，卷起的耳朵几乎可以贴到头皮。

苗条身材
身躯延长，外形较窄

蓬松尾巴
尾巴上的毛要比身体其他部位的毛更长

长脸
这些猫的头形显得比较长

3. 美国硬毛猫American Wirehair

有着铁丝般触感的毛发让这些猫显得与众不同，也影响到毛色看起来的效果。它们特别的毛发不需要特别照顾，修饰毛发不费劲，尽管不是每个人都喜欢这样一身硬硬的毛的。

概 要

- 体毛状态特殊
- 身体强壮
- 气质均衡
- 对人友善

溯源

这种猫的起源可以回溯到 1966 年，它的祖先是纽约北部一只农场猫所产一窝猫中的一只。这只硬毛幼猫和它的同窝幼猫被当地一位决意培育出具有硬毛新品种的育种者得到，很快就得知这种特质是显性遗传的性状，意味着可以比较容易地增加这种猫的数量，一只这种类型的猫和一只皮毛正常的猫配对，后代中就有概率得到硬毛的幼猫。如今这种猫在北美比在别的地方更常见，但每年登记的总量还是有限的。它们在别的地方不太为人所知。

大眼睛
圆圆的眼睛，间距适中

较大的身体
公猫会长得比母猫更大一些

	特征、特性	备 注
简述	由一只猫产生突变而形成的品种	目前依然稀少，独特的毛发不是每人都喜欢
个性	跟普通家猫很像，安静而好奇	
相貌	体型适中，粗糙而有弹性的毛发是该品种的特性	披散的长毛，针毛和绒毛都是弯曲的
在家表现	喜欢在室内外转悠，不喜欢被限制在家里	起源于农场
行为	喜欢探索周围环境，保留着捕猎本能	
美容	不同寻常的毛发不怎么需要特别打理，轻擦即可	
常见健康问题	这些猫都很强壮，没有特别的健康问题	

硬尾巴
尾巴渐细，末端圆形

毛发类型

皮毛中的毛发不像常规的那么粗，通常都是弯卷的，甚至连胡须也常是卷曲的。毛发随着幼猫的成长会发生变化，有时候幼猫身上的毛看起来不错，但并不意味着它长大以后还能保持令人满意的状态；相反地，小时候看起来不够好的毛发，随着年龄的增加，或许会长得越来越漂亮。

4. 卡特尔猫Chartreux

卡特尔猫又被称为〝法国蓝猫〞。这些漂亮的蓝色猫数量很稀少，但它们是很温顺的宠物。卡特尔猫可能是欧洲最古老的猫种，因其独特的毛色而闻名，这种猫没有其他的毛色。

概 要

- 来自异域的品种
- 毛色特别
- 安静
- 适应性好

溯源

卡特尔猫跟法国格勒诺布尔北部的大修道院有着密切联系，传说它的祖先是生活在叙利亚山地的野猫，在13世纪由十字军东征的骑士带回到法国的，一些十字军战士皈依天主教，因此可以解释为何这些猫会出现在修道院。卡特尔猫是个古老的猫种，18世纪被法国自然主义作家布冯描述成“蓝猫”，二战末期被从灭绝的边缘拯救过来，1971年首次见于美国。

品种特点

这些猫的皮毛很特别，不仅仅表现在颜色上，它有着独有的羊毛般的质感，摸起来很像羊毛；胸口的毛自然分开，像是“八字胡”。它有着浓密的绒毛，皮毛防寒能力很强，只需要抚摸表面就能使毛发状况良好。卡特尔猫成熟周期长，需要两年时间才能长成大个子。尤其是公猫，体格更大。它们是特别灵活的猫和有效的猎手。

	特征、特性	备 注
简述	特别的古老品种，数量稀少	起源于叙利亚，历史可回溯到中世纪
个性	敏感的猫，沉稳、忠诚和重感情	
相貌	以毛色闻名，蓝色毛有羊毛质感	体格魁梧，公猫有粗大下颌
在家表现	安稳，不吵闹，睡前爱打闹一阵	
行为	有很强的捕猎本能。贪食，容易肥胖	会通过观察学会开门这样的动作
美容	羊毛般的皮毛只需要抚摸就能保持好状态	这些猫曾经因其特别的皮毛而价格不菲
常见健康问题	这种猫没有记载到特别的健康问题	

金色或黄铜色的眼睛
这是品种特性，幼年和青年的猫眼睛颜色不很鲜艳

性别差异
图上的这只母猫体格更轻巧，成熟后没有公猫那样很宽的面颊

带状尾巴
卡特尔猫的尾巴根部很粗，向后逐渐变细

5. 欧系短毛猫European Shorthair

虽然它们作为正式品种展示的历史不是很长，这些猫的祖先在欧洲大陆上被饲养的历史已有1000年以上。可以想象，这些猫忠实和富有感情，有机会还喜欢到外面溜达一会。

概 要

- 混血品种
- 修饰容易
- 性格友善
- 会外出游荡

溯源

英国短毛猫和欧系短毛猫之间有着很大的相似性，英国短毛猫（见46页）被用于帮助它培育成为较大体型的品种，而那些从这个群体中分化出来的矮胖猫则被否定，不再被用于杂交繁育，但这无法阻止这些猫数量的增加。欧系短毛猫如今多见于北欧国家，但很难在其他地方得到认可，主要原因是它们看上去很像普通的非纯种猫，尤其是在跟别的来自异域的品种猫放在一起比较的时候。

它们的魅力

尽管如此，欧系短毛猫很健壮，能很好地适应家养环境，无论是逮鸟还是捉老鼠，它们如今依然保留得很好的捕猎本能传承自它们作为工作猫的祖先。它们能够跟别的犬和猫和谐地相处，还有很多毛色和花纹品种可供选择。就跟英国短毛猫一样，有个最新的趋势是在这个群体中培育出了色点品种。

	特征、特性	备 注
简述	很像普通的家猫，但体型更大	北欧以外地区不很常见
个性	和蔼、友善，适应性强	在家跟孩子和犬都相处得很好
相貌	身体强壮，看起来很像大号的普通家猫	
在家表现	很好的伴侣宠物，在户外也是个很好的猎手	
行为	爱家也爱游荡，对于室内猫而言显得有点太活泼	
美容	贴紧身体的柔软短毛不怎么需要特别打理	
常见健康问题	总体比较强壮和长寿，没有特别的问题	蓝眼或鸳鸯眼的白猫可能会有部分全聋

大小适中的耳朵
耳朵上端略呈圆形，有时还会有簇毛

圈纹
尾巴上有深浅交替的圈纹，尾端黑色

圆圆的脚爪
脚爪紧连着大小适中的壮腿，身体肌肉结实强健而不矮胖，以此跟英国短毛猫相区别

6. 德国卷毛猫German Rex

自 20 世纪 30 年代以来，在德国有几例不同的卷毛变异猫被记录到，基因研究显示这个品种跟英国的科尼斯卷毛猫（见 59 页）十分相似，德国卷毛猫脾气和善，既活泼又机灵。

概 要

- 流浪猫的后代
- 传统毛色为黑色
- 天鹅绒般的毛发
- 几乎绝迹

溯源

1951 年，一个医生在柏林车站区的医院广场见到一只奇怪的黑猫，通过调查得知这猫自 1947 年起就生活在那儿，还有过繁育记录。它被称为“Lammchen”，德语的意思是“小羊羔”，在医生的照料下又生了三只幼猫。这一窝幼猫都是寻常的毛发，当把其中的一只公猫和“小羊羔”进行回交之后，产下的四只幼猫中有两只表现为跟母猫一样的卷毛。别人继续了这项培育，这种猫在 1960 年的巴黎猫俱乐部展会上第一次展现在公众面前，就引起了广泛关注，不幸的是这样的兴趣没有维持很长时间。

绝处逢生

有一些猫被出口到美国，跟科尼斯卷毛猫进行了杂交，随着“小羊羔”的死去，这个品种变得极其稀少，到 20 世纪 90 年代末，几乎完全绝迹，在德国和欧洲其他地方育种专家的不懈努力下，这个品种才得以被拯救。可能是存在卷毛基因突变的分布情况要比以往想象的范围更广，所以在德国猫的野外群体中偶尔也会见到具有这种卷毛特质的个体，这就为育种专家们寻求新的远交个体带来了希望。

	特征、特性	备 注
简述	20 世纪 40 年代发源于德国的标准卷毛品种	几乎绝种，如今在欧洲部分地区数量有所回升
个性	机灵活泼，对周围环境变化感兴趣	
相貌	细腿、圆脸、大耳朵，有着短的丝质卷毛	有时候胡子也有点卷
在家表现	理想宠物。重感情，不很吵	
行为	轻轻抱起来会很乖，看到陌生人比较警觉	很像英国的科尼斯卷毛猫
美容	用手抚摸毛发就能完成修饰	
常见健康问题	没有记录到跟品种相关的特别的健康问题	

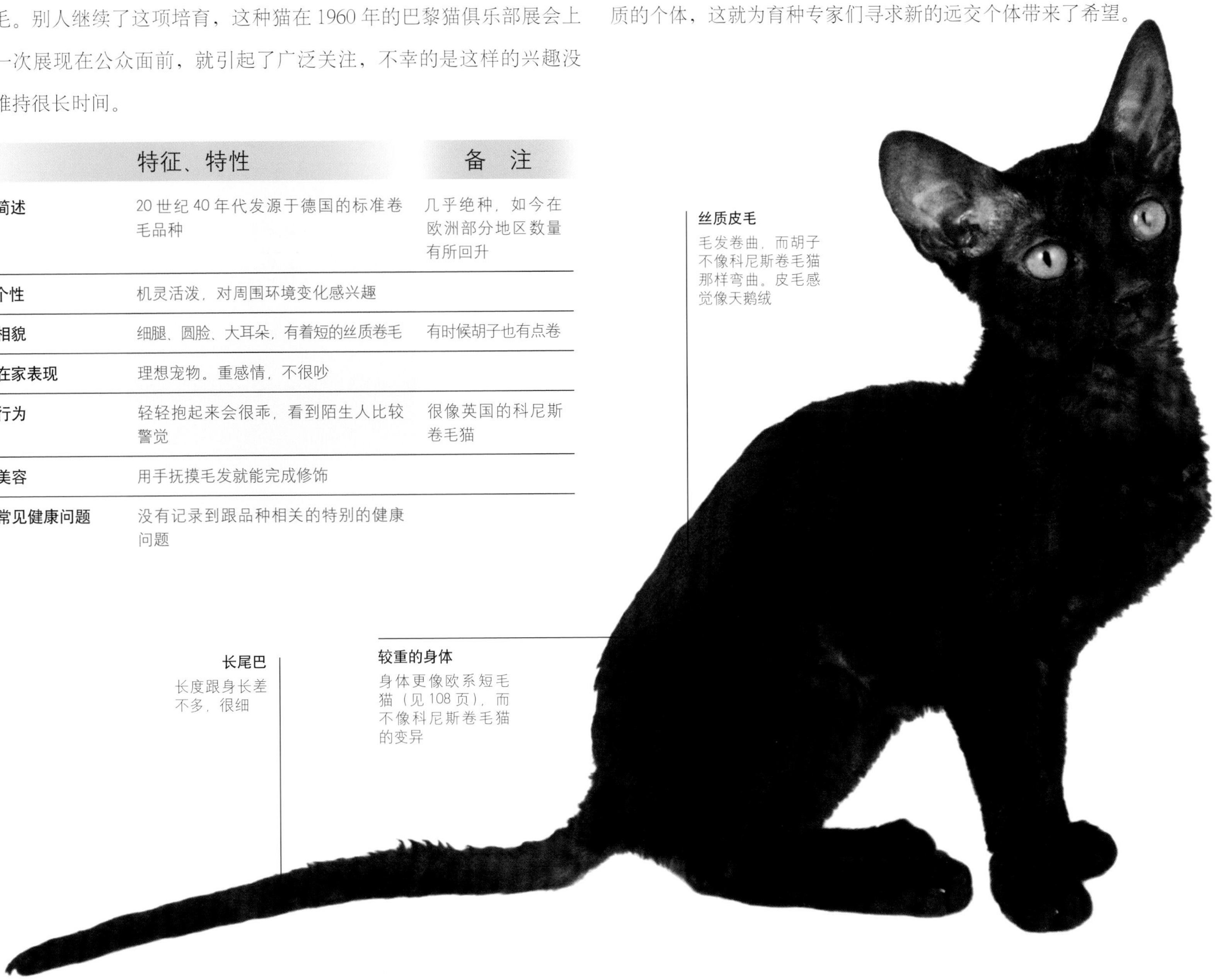

丝质皮毛
毛发卷曲，而胡子不像科尼斯卷毛猫那样弯曲。皮毛感觉像天鹅绒

长尾巴
长度跟身长差不多，很细

较重的身体
身体更像欧系短毛猫（见 108 页），而不像科尼斯卷毛猫的变异

7. 苏格兰折耳猫Scottish Fold

美国卷耳猫（见 105 页）的突变导致耳朵向后卷，而这个变异则是让耳朵向前折到头上。如今所有的苏格兰折耳猫都来自这种类型的一只母猫，一只苏格兰农场猫的后裔。

概 要

- 友善，适应性强
- 听力好
- 各种毛色
- 有长毛和短毛品种

溯源

这个品种的创立者是一只名叫“苏西”的短毛猫，人们很快就搞明白它显然带有长毛的基因。这就表明如今的两类折耳猫都可能来自一只苏格兰折耳猫。两者的差异在冬天更加明显，长毛种的毛发更蓬松，长毛种的尾巴上有明显的毛刷状长毛，颈项下有较长的饰毛。苏格兰折耳猫彼此是不能交配的，因为那样会造成关节的问题，通常是将类似苏格兰折耳猫但耳朵不卷折的个体来跟另一只折耳猫配对。

衰落

不幸的是，长毛种的苏格兰折耳猫变得很稀有，仅仅是因为英国短毛猫是被用来培育苏格兰折耳猫的主要远交血统，长毛的特质则表现为隐性遗传性状，这就意味着短毛基因在种群中的百分比大幅上升，长毛品种在一窝幼猫中出现的概率大大降低。这些猫可以有多种毛色和斑纹，但没有色点型。

特征、特性

具体内容参见 52 页

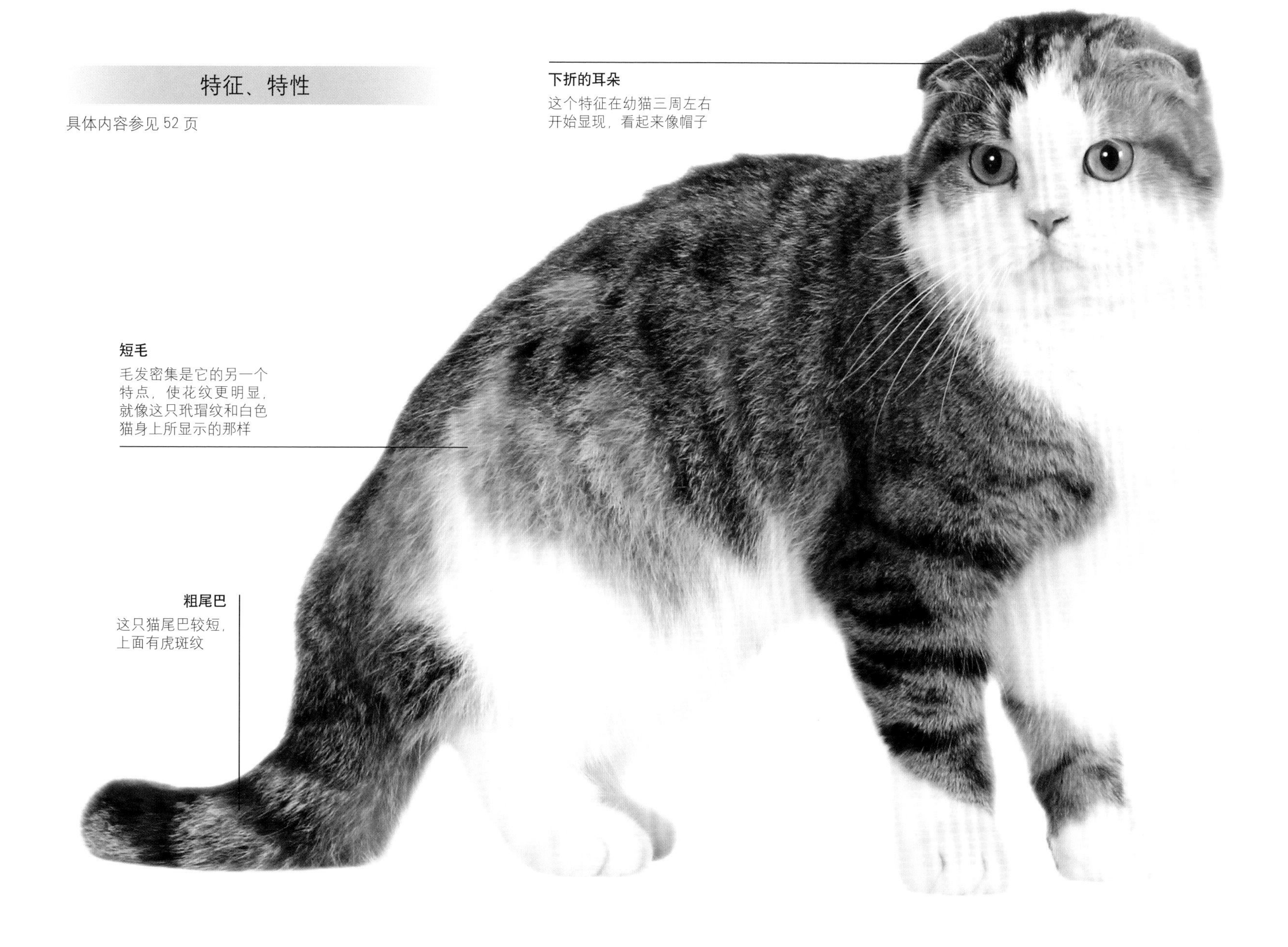

8. 库里瑞短尾猫Kurelian Bobtail

这种猫的名字起自离俄罗斯东海岸日本方向1 200千米的库里群岛，在最近被大众知晓以前，它们已经在岛上生活了数百年。

概 要

- 高度特化的品种
- 自然进化而成
- 依然不为人所知
- 有两种毛发类型

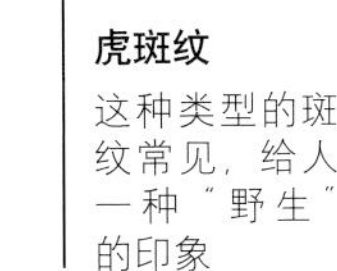

大脑袋
很宽的头部，肌肉发达，鼻梁直，下巴圆

虎斑纹
这种类型的斑纹常见，给人一种"野生"的印象

有力的腿
后腿略长于前腿

溯源

库里群岛共由56个岛屿组成，其中大多数是无人居住的荒岛，这种猫的祖先是何时来到这里的已无从查考。它们可能是被偶尔停泊在岛上的渔船抛弃的，而这些猫通常是被养在渔船上控制老鼠数量的。具有短尾巴特征的猫在亚洲地区有很多记载，而这种猫跟最可能成为其祖先的日本短尾猫（见130页）其实没有什么关系。最大的可能是，由于地理的阻隔，库里瑞短尾猫是从来自亚洲大陆的猫种当中自然独立进化而来的，经过许多代以后适应了岛上的生活，成为如今的独立品种。

特别之处

库里瑞短尾猫的毛发是扁扁的、很长，防寒性很好，以适应该地区的恶劣气候。作为展示之用，短毛和中等长度体毛的品种都被认可，后者的尾巴长度略长，能达到13厘米。尾椎的数量会有变化，但至少有两节。这种猫非常活跃，保留着很强的捕猎本能，能非常有效地捉到鱼。

	特征、特性	备　注
简述	发源自远离亚洲大陆的群岛	如今已经在世界上一些国家落户
个性	温和而合群，据称在原产地是集群活动的	
相貌	身体轮廓近似方形，后躯略高	
在家表现	本能喜欢探险，不安于家	
行为	不寻常的叫声，更像鸟叫而不是猫叫	通常每胎产2～3只幼猫
美容	简单的梳理即可	
常见健康问题	没有记录	

9. 西班牙蓝眼猫Ojos Azules

这些猫很特别，因其眼睛的颜色而命名，它们目前数量很有限，前景不明朗。由于各种原因，并不是所有的繁育个体都能成活和长大。

概 要

- 迷人的眼睛颜色
- 非常稀有
- 毛发易整理
- 脾气友善

溯源

西班牙蓝眼猫的名称在西班牙语里面就有“蓝眼睛”的意思，这是吸引养猫人的主要特征，眼睛最好是具有颜色很艳的蓝色。它的起源可以追溯到1984年下半年在美国新墨西哥州的肯弗劳城发现的一只玳瑁纹猫，就像图片上的那只一样，只有一只眼睛是蓝色的。这种情况被称为虹膜异色，另一只眼睛可能是绿色、金色或者是古铜色的。

相貌

这个品种的白色个体不被看好，因为很难将它们跟那些传统的、常导致耳聋的蓝眼白猫相区别。因此，最好是身上，特别是在四肢有颜色斑块的，眼睛的蓝色基因只受到独立的家养猫血统的调节。西班牙蓝眼猫的体毛短而光滑，就总体来看，体型介于许多矮胖的短毛猫和苗条的暹罗猫（见86页）之间。

浑圆的额头
头部的整体形状接近于等边三角形

大眼睛
眼睛圆圆的，突出了这种猫的特点

尖尾巴
尾尖总是白色的

	特征、特性	备 注
简述	较稀有的新品种，发源于美国南部	由非纯种祖先培育而来
个性	活泼，重感情，喜欢在室内外探索	
相貌	蓝色的眼睛，以此为特点命名	所有毛色都有，允许没有点斑的蓝眼猫繁殖
在家表现	特别友善	
行为	喜欢玩耍，适应性强，居家安稳	
美容	修饰简单，长毛的品种也没有浓密底毛	
常见健康问题	为避免死胎，西班牙蓝眼猫应跟别的猫配对而不是同种配对	

10. 长毛塞尔凯克卷毛猫 Long-haired Selkirk Rex

由于跟纯种猫杂交，大多数来源于工作猫祖先的品种都增大了体型，塞尔凯克卷毛猫也不例外。这种猫也被培育出长毛的品种。

概 要

- 很特别的皮毛
- 较大型的猫
- 需要每天打理毛发
- 生来有各种形态

溯源

和波斯猫的外缘杂交创造出了塞尔凯克卷毛猫的长毛品种，运用波斯猫作为杂交亲本的主要目的是为了增加体毛的长度，因而也使得体毛卷曲的状况更加明显，同时品种的毛色变化也更多了。图上的这只巧克力色品种，可能就是通过这样的途径而产生的。这种猫自然的“外形”可能会被过度的美容修饰所破坏，譬如毛发经过修整后可能会变得更直。类似的情况还可能出现在猫的毛被弄湿以后，所以为了让准备参加展示的猫表现出最佳的状态，猫在洗澡后要花几天时间让毛发恢复自然的弹性和卷曲状态。

识别特征

长毛的基因来自于美国蒙大拿育成这种猫的先驱，按照真正的卷毛猫的情况，这些猫以地点命名，在这个例子中，称为塞尔凯克山卷毛猫。跟其他卷毛猫相区别的不是因为毛发中的长毛变短了或是消失了，只不过是卷曲了而已。另一个主要的不同是它们会定期换毛，因此不被认为是容易导致过敏的品种。长毛的和短毛的塞尔凯克卷毛猫（见 75 页）都是极佳的伴侣宠物，在很多国家都很普遍。

特征、特性

具体内容参见 75 页

毛茸茸的皮毛
卷曲的毛在身体两侧最明显，延伸到肚子下面和颈部

体毛质量
经过绝育的公猫和母猫毛发质量都有提高

粗尾巴
整个尾巴都有特别的卷毛，直到圆圆的尾端

这类猫适合那些欣赏异域品种或不惜重金追求新发现品种的人群。

野猫

20 世纪后期以来，培育新品种的大趋势是侧重于那些具有漂亮花纹的种类，进入 21 世纪，这种兴趣的热度依然不减。其中的一些猫，如欧西猫是从已有的品种中育成的。随着有着特殊斑纹的孟加拉豹猫的出现，更多的育种者（尤其在北美）都试图用不同种类的野猫和家猫杂交以培育新奇的品种。

这种过程远不是用已有的两只家养猫品种进行简单的配对那么轻描淡写，不只是由于野猫具有潜在的攻击行为，难点还在于配对的种类没有很近的亲缘关系，虽然能够由此产生杂交后代，这样的后代很可能是不育的。种内交配对于野猫的影响很小，主要目的是把想要的毛发特征移到家猫的血统当中去，通常做法是促成公野猫和母家猫的配对，这样做的理由是在遇到初产出现难产情况时，怀孕的母家猫照顾起来要比照顾母野猫更容易些。

另一个难题是野生种源的缺乏，更何况一些国家对野生猫进行立法保护，想要找到这样的野猫配对几乎无法如愿。然而随着孟加拉豹猫的出现，可利用的品种名单有望得到很大的扩增。

肯尼亚猫

1. 阿瑟拉猫Ashera

这是目前最新的杂交品种之一，数量上还很稀少。由于其源头成迷，所以阿瑟拉猫也是特别有争议的猫，但是大家对这些猫有着漂亮花纹和硕大体型的认识是一致的。

概 要

- 饱受争议
- 体型很大
- 价格不菲
- 起源成谜

溯源

阿瑟拉猫据称有着非洲薮猫（*Leptailurus serval*）和亚洲豹猫（*Prionailurus bengalensis*）和家猫杂交的组合特征。阿瑟拉猫最早是由基地在美国特拉华州的一家生物技术公司推出的，这家公司致力于培育低致敏性的猫。宾夕法尼亚的一位育种专家对此提出质疑，声称送到荷兰去的几只所谓的阿瑟拉猫其实只是第一代的热带草原猫（见124页）的杂交后代，在他不知情的情况下被售出。涉事的猫被留置，随后进行了DNA检测。这些猫被确定是热带草原猫和埃及猫（见61页）交配的产物。

	特征、特性	备 注
简述	这种猫是跟新种野猫杂交的品种	对于其起源存在争议
个性	总体来说接近于最初的野猫	通过引入高比例的家猫血统可以去除野性，变得驯服
相貌	体型比家猫大得多，具有异域种类的斑点样式	后腿站立时差不多能达到1米的高度
在家表现	害羞和孤僻，比家养猫更活跃	
行为	表现强烈的捕猎本能，跑跳能力都很强	
美容	短而光滑的毛不怎么需要操心	
常见健康问题	迄今为止尚没有相关记载	

查找真相

热带草原猫自身在当初就来自一些不同的亲本，所以阿瑟拉猫和热带草原猫两者在相貌上可能会存在一定的相似性，在荷兰见到的情况不排除就是最初描述的繁育计划的结果，由此就给阿瑟拉猫作为一个品种从亚洲豹猫引入血统的有效性画上了一连串问号。问题是，这种投入了无数金钱的猫，给不计成本的育种者们提供了很大的培育空间。

2. 孟加拉豹猫Bengal

作为目前为止最有名的杂交猫种，孟加拉豹猫在近年来极受欢迎，其靓丽的外形跟别的猫有很大的不同。这些猫很强健，天性友善。

概 要

- 花纹漂亮
- 不讨厌洗澡
- 丝质皮毛

	特征、特性	备 注
简述	非常迷人的大型猫，具有运动天赋	定点排便训练不一定管用
个性	需要关注，显然不是慵懒的猫。独立性强	
相貌	可以有斑点或大理石纹，可能同时存在	公猫大于母猫，体重可达 8 千克
在家表现	活泼，需要活动空间，不适应小空间	
行为	非常好动，是小动物的致命杀手。安静	
美容	每周梳理一次就够了	换毛期间斑纹不很清晰
常见健康问题	易患肾病和肥厚性心肌病（HCM）	

溯源

1963 年，遗传学家金·萨格登用一只家猫繁育了一只亚洲豹猫（*Felis bengalensis*），但是当时的条件限制了她在这个领域的兴趣。最早的孟加拉豹猫培育不是为了创造一个新的猫种，而是为了研究猫白血病（FeLV）的需要，为此目的，一些杂交的猫被交给当时已经再婚的金·米尔（即金·萨格登，再婚后从夫姓。译者注）照料。她于是用这些杂交猫和家猫配对，小心开展了繁育的计划，那些家猫包括埃及猫（见 61 页）和非纯种短毛猫。这就确保了杂交后代在多代以后变得更加友善，而不影响到它们靓丽的外形。

毛色和斑纹

点斑和大理石纹都出现在这种猫身上，而斑点更常见。皮毛有一种闪亮的感觉，斑纹必须很清晰。大理石纹很特别，不是家猫身上的那种传统形式的斑点。有两个基本的毛色品种被认可。棕色的孟加拉豹猫体色可以在偏灰色到暗红之间变化；白色或带海豹斑的雪花种有蓝色的眼睛，有些个体也会出现鸳鸯眼。

大型猫

孟加拉豹猫比标准的家猫更大，身躯健壮

粗尾巴

走路的时候尾巴位置较低，像野生猫

虎斑纹

腿上可见条纹，毛皮厚实，具有华丽的感觉

3. 加州闪亮猫Californian Spangled

这是由在非洲邂逅花豹之后产生的念头而培育出的品种，加州闪亮猫被专门培育出来，作为全球野猫种群突破所处困境的象征。

概 要

- 小型野猫
- 特别的外貌
- 活泼而友好
- 稀有品种

溯源

好莱坞编剧保罗·凯西想要培育一种不仅看上去像野猫，走路姿态也像野猫的品种。为此他制定了为期超过十年的复杂繁育计划，运用了来自世界各地的一系列纯种和非纯种的猫，其中包括来自马来西亚和埃及的流浪猫，采用了阿比西尼亚猫、海豹点暹罗猫、马恩岛无尾猫、英国短毛猫等很多品种。甚至对于这个新品种的发布都经过周密安排，在最著名的美国圣诞目录的封面介绍这种新品种，以获得最大的宣传效果，保罗的另一个创新做法是用美国土著部落的名字来命名所有的猫，以期人们更多地关注它们的由来。

	特征、特性	备 注
简述	由纯种和非纯种猫育成的稀有家猫品种	创造出来主要作为保护运动的象征
个性	非常友好，忠实，喜欢人类陪伴	
相貌	步态很低，姿态和外形都很像小型的豹子	有斑点的毛皮，大的吻部凸显了颧骨
在家表现	爱玩闹，喜欢追逐或跳起来抓玩具	
行为	运动型气质，很活泼，尤其是幼猫。喜欢蹦跳	表现出很高超的捕猎能力
美容	短毛易打理。换毛期间斑纹不很明显	
常见健康问题	没有记载	

毛色

一系列不同的毛色被创造出来，包括古铜色、金色、蓝色、红色和银色，带有很分明的点斑。保罗·凯西从来没有想过要刻意培育一种主要用于展示的猫，实际上，他的初衷是确保得到一种外形很特别的品种。只有很少的猫被出口到美国以外的地区，2007年保罗去世以后，这种猫的数量急剧减少。

长而结实的身体
这种像豹子一样的体形，因其低矮的步态而得到强化

斑点的分布
花纹不呈现圈纹，但可以是椭圆形甚至三角形的各种不同形状

颧骨
增强了这种猫的"野"相，位于头部后方的耳朵也强化了这种效果

4. 非洲狮子猫Chausie

依据其不同的来源，这种猫的体型变化特别大，目前已经开始变得大众化了。它们天性机灵，攀爬、奔跑和捕猎能力都很强，野性十足，但是它们的日常打理却很简单。

概 要

- 大型的猫
- 生长缓慢
- 三个认可品种
- 运动型气质

溯源

非洲狮子猫早在20世纪60年代就已经出现了，但是直到最近几年，随着孟加拉豹猫的数量增加，这种猫才成为关注的对象。最初的目标是培育一种看起来像丛林猫（*Felis chaus*），但脾气温顺友好的家猫。丛林猫分布范围很广，从土耳其向东直到马来西亚，还见于埃及。尽管被认为是猫属（*Felis*）中体型最大的物种，但是在其分布区内，不同的亚种在毛色和体型方面差异很大。这也在非洲狮子猫身上体现出来，它们的体重可以在6.8 ~ 13.6千克变化。

发展

具有毛尖色花纹的阿比西尼亚猫（见44页）在非洲狮子猫的培育过程中起了很重要的作用。非洲狮子猫还有纯黑色型，以及黑毛灰斑型，即在每根毛发中间有一道白色，毛尖是黑色的，体毛看起来形成一种深色的背景。接受了丛林猫的遗传，这种毛色花纹仅见于非洲狮子猫。这些猫异常活跃，只能在有足够活动空间的地方饲养。

	特征、特性	备 注
简述	野猫杂交种，比那些斑点纹的种类少见	
个性	依据其跟野猫祖先的亲缘关系远近而定	第四代（F4）以后就会变得温顺和胆大
相貌	常见的具有毛尖色纹样的大型猫。公猫体型更大	阿比西尼亚猫在这种猫的培育中起了很大作用
在家表现	非常灵活，有时能垂直跳起1.8米高	
行为	自信，机灵，爱玩耍，好奇性强	要三年才能长到成年体型
美容	短毛，不怎么需要特别打理	
常见健康问题	有些个体有麸质不耐症（不能吃太多麸麸成分的食物）	

大而宽的耳朵
这种猫的耳朵很突出，有时长着簇毛，头部看起来很像迷你的美洲狮

白色的下巴
这是丛林猫的一个特征，在阿比西尼亚猫当中也不罕见

胸部很深
躯体强壮而修长

5. 欧西猫Ocicat

欧西猫是偶然得到的品种，但作为宠物很受欢迎，这不仅得益于它们漂亮时尚的外表，还在于它们有着活泼可爱的个性。

概 要

- 身体有斑点
- 育自家猫
- 毛色很多
- 忠实的伴侣宠物

溯源

美国密歇根州的维多利亚·达利想要培育一种有着阿比西尼亚猫斑点的暹罗猫品种，后来得到一只长着斑点，很像虎猫（*Leopardus pardalis*）的幼猫，所以它就得到了“欧西猫”的绰号（虎猫的英文是Ocelot，发音跟“欧西”接近。译者注）。这只猫出生后不久就被阉割了，而生它的亲本被继续配对，以希望再次得到类似的幼猫，很幸运的是这种努力成功了，品种的培育得以开展。美国短毛猫被作为远交血缘以增大它的体型和产生更多的毛色，直到20年后的1986年，这些猫才被认可为展示品种。稍后在欧洲也开展了类似的培育计划，培育出了欧西猫的另一个不同血统。

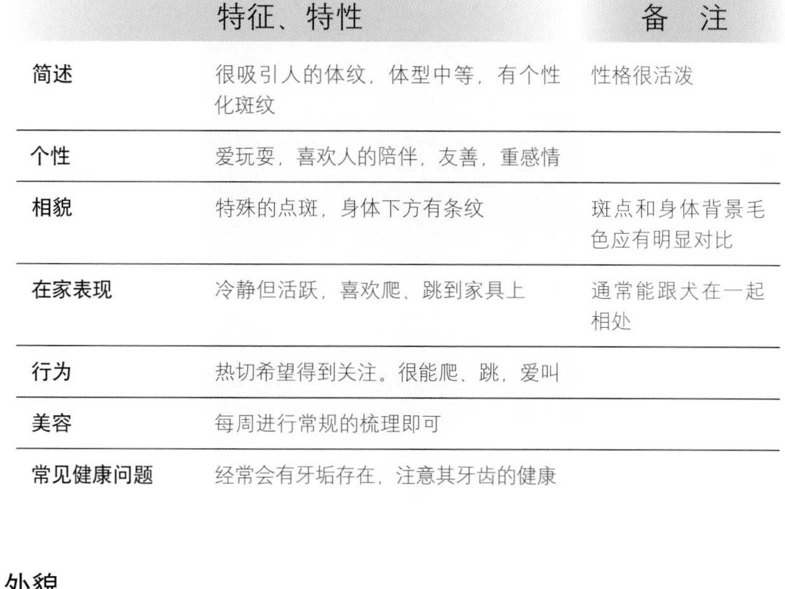

	特征、特性	备 注
简述	很吸引人的体纹，体型中等，有个性化斑纹	性格很活泼
个性	爱玩耍，喜欢人的陪伴，友善，重感情	
相貌	特殊的点斑，身体下方有条纹	斑点和身体背景毛色应有明显对比
在家表现	冷静但活跃，喜欢爬、跳到家具上	通常能跟犬在一起相处
行为	热切希望得到关注。很能爬、跳，爱叫	
美容	每周进行常规的梳理即可	
常见健康问题	经常会有牙垢存在，注意其牙齿的健康	

外貌

这些猫体型较大，身架好，肌肉壮实，公猫要比母猫更大、更重。有三种认可的毛色，分别是巧克力色、肉桂色和黄褐色（棕色型），其他还有浅色型，如蓝色、淡紫色和浅黄褐色。斑点在浅色型个体中不是很明显，是由于斑点的深色被淡化。各种毛色还有银色变化，身体的斑纹在白色的基调上被强化了。

醒目的眼纹
如图所示，睫毛线从眼睛延伸出来，清晰可见

个性化斑纹
身体上的斑点和两肋的条纹具有个性化特征

黑色尾巴
尾巴顶端的颜色指示了毛色，其余部分是深浅交替的圈纹

6. 旅行猫Safari

旅行猫是另一种出现于孟加拉豹猫以前的稀有杂交野猫，但从未风靡过，然而如今这种猫开始被更普遍地饲养了。

概要

- 繁育困难
- 活泼好动
- 体型有戏剧性变化
- 目前数量稀少

	特征、特性	备注
简述	最稀有的野猫杂交种，北美以外不多见	乔氏猫跟美国短毛猫和孟加拉豹猫杂交的后代
个性	比别的杂交后代更友善，哪怕是第一代	
相貌	腿较长，体形苗条，身上有斑点和条纹	有各种毛色变化的品种
在家表现	冷静但活跃，喜欢爬、跳到家具上	
行为	性格坚毅，喜欢捕猎，善于爬树	
美容	刷毛有助于加强皮毛花纹的观赏效果	
常见健康问题	前几代的公猫常不育，母猫有生育能力	不育的情况会延续到第四代（F4）

溯源

这种猫也同样起源于最终促成孟加拉豹猫（见117页）问世的对猫白血病进行研究的项目，在项目中，广泛分布于中、南美部分地区的野生物种乔氏猫（*Leopardus geoffroyi*）被用来和家猫进行杂交。同样，这些猫在不同分布地区的毛色也各有不同，在一定程度上也反映在如今的旅行猫身上。项目开始于1970年，但乔氏猫和家猫染色体的差异问题成了主要障碍，实际上激发了用孟加拉豹猫作为替代的兴趣。随着孟加拉豹猫成为受欢迎的宠物，人们又重新把注意力返回到最初的配对实验中来。

繁育结果

很有意思的是，虽然乔氏猫要比标准的家猫小一些，杂交产生的后代却比两个亲本的体型都大，这种情况有时被称为杂交优势，成年的子一代（常缩写为F1）旅行猫的公猫标准体重为11.3千克，母猫为8.1千克，后几代的猫和家猫配对后，猫的体型又会变小了。

品种特点
子一代杂交后代体型较大，比起其他与野猫杂交的类型，它们也更温顺些

有力的后腿
旅行猫可以很好地跑、跳

斑点花纹
这是品种特性，图中是一只深色的个体，也有浅色品种

7. 虎猫Toyger

培育这种猫的意图是育成一种身体两侧有条纹，看上去像微小版老虎的猫。这是一种很特别和迷人的猫，因而在全球范围内都受到青睐。

概 要

- 老虎那样的条纹
- 重感情
- 靓丽外表
- 由家猫培育而成

溯源

这个品种的培育是由培育了孟加拉豹猫（见 117 页）的金·米尔开创的。计划始于 20 世纪 80 年代后期，是由一只鲭鱼纹虎斑猫开始的。她从克什米尔带回来的一只流浪猫，在通常没有斑纹的两耳之间也有斑点，她希望这个特征能够在连续几代后用来创造老虎那样的条纹，把点斑合并形成条纹。孟加拉豹猫也被用来加强培育的血统，引入漂亮的毛色和毛发质感，或许还有最有实际意义的体型上的增大。对于虎猫的培育依然还在继续，特别是当它获得了 2007 年全年冠军奖以后，如今已经在猫展示圈引起了更多人的兴趣。

展望

关于虎猫最终外形设计的未来计划已经被描绘出来，电脑成像技术在第一时间协助品种的培育。虎猫作为宠物备受追捧的原因不仅仅在于漂亮的条纹，还由于其高贵的气质，它们丝毫没有通常在早期杂交野猫中能见到的那种羞怯。

	特征、特性	备 注
简述	孟加拉豹猫和鲭鱼纹猫杂交的结果	亮丽的样子也见于欧洲品种
个性	适应性好，和气、机灵，在家很安稳	
相貌	身上的条纹像一只小老虎的猫	特别的脸形培育成老虎的样子
在家表现	活跃的气质表明它们不能长时间被限制在家里	
行为	个性活泼，很喜欢参与家里的活动	
美容	刷毛能使毛皮整洁，强化观赏效果	毛皮光泽，有银色闪亮
常见健康问题	没有特别的问题	

8. 猎豹猫Cheetoh

这个品种也是近年培育的，部分血统来自孟加拉豹猫，祖先中没有野猫基因。目标是育成一种看起来和跑起来像猎豹（*Acinonyx jubatus*）的家养斑点品种。

概 要

- 野猫的风格
- 很多种毛色
- 普遍培育
- 天性温顺

溯源

猎豹猫是在21世纪早期借欧西猫（见120页）的名头，由孟加拉豹猫和纯种家养猫杂交的结果。这些配对被仔细地选组，育成的个体有着孟加拉豹猫的显著斑点，加上具有欧西猫（性状来自祖先暹罗猫）那样较长的腿。育成的猎豹猫很大，要比它们的亲本重很多。公猫体重可达6.8～10.4千克，母猫可重达6.8千克。这些猫的运动方式挺奇特，步态很懒散，加上结实，轻盈的体态，像真正的野猫。猎豹猫还有着不一般的毛茸茸的短毛，具有天鹅绒的质感。撇开它们的样子不说，这些猫还保留着很友善的天性。

	特征、特性	备 注
简述	有点像猎豹的家养猫	被广泛饲养的古老品种，在各地都能见到
个性	友善，依赖性强，非常适应家居生活	不要被它所具有的野猫的样子忽悠了
相貌	像野猫，眼睛有古铜色、金色、黄铜色、绿棕色、浅褐色	图片上是具有特征性的蓝色眼睛
在家表现	非常活泼，不适合一直养在户外	
行为	公猫对幼猫比较温和	
美容	每周要梳洗打理一次	换毛期间的花纹不是很明显
常见健康问题	未记载，可能会有困惑孟加拉豹猫那样的肾病	

炫目的毛皮
丝质毛皮突出了健壮轻盈的体态，还有着吸引人的光泽

花纹
个性化的花纹很漂亮，依据背景毛色的深浅而产生不同的反差，斑点也能在身体下半部分见到

毛色

下列品种属于被培育者认可之列：黑色和棕色斑点，基本毛色赭色和黄棕色，带有黄棕色（金色）的猎豹猫显现较浅的背景毛色；还有黑色斑点，烟色和银色的类型，后者更亮，背景色和斑纹之间形成强烈的反差对比；一种具有猞猁（虎纹）色点，金色斑点的白毛类型，身体的毛色基本上是雪白色，点缀着金色点斑和花斑，四肢颜色更暗的品种也被培育出来，尾巴上有着黑圈的形式，强调了猞猁斑的效果。

尾巴
尾巴逐渐变细，有典型的斑纹，末端深色

9. 热带草原猫Savannah

这种猫如今被认为是世界上最大的家猫，它的体型反映出其祖先非洲薮猫的特点。仅仅是这种猫的体型就意味着它是一种需要深思熟虑后才能养的品种。

概 要

- 靓丽的外表
- 特别的花纹
- 杂交的大型猫
- 叫声特别

高高的耳朵

大而竖起的耳朵活像薮猫，有灵敏的听力，可以侦测到草地中看不见的老鼠

混合的斑纹

底色可以从银色到琥珀色，被一系列黑色的条斑和点斑打断

会交谈的尾巴

热带草原猫会像犬一样摇尾巴，取悦主人

溯源

热带草原猫最早是在1986年，由养孟加拉豹猫的朱迪·弗兰克培育的，她成功地用一只雄性的薮猫（*Leptailurus serval*）和暹罗猫进行了杂交。这样的配对经常导致幼猫早产，这是因为薮猫的孕期要比普通的家猫长十天，即便幼猫顺利出生并且成活，第一代的公猫也是不育的，公母都表现出很强的野猫倾向，带来潜在的问题。由这个起点进一步用家猫的血统加以改良，可以一代又一代地改善热带草原猫的气质，到了第四代，这些年轻的热带草原猫就变得很听话，很容易就能抱起来。

品种改良

要让热带草原猫的公猫具有生育能力需要再经过一代，而要让公母都显现则要到第三代以后。育种者的目标是获得薮猫吸引人的主要外貌特征，诸如它的长脖子、长腿和短毛，斑纹醒目的皮毛，同时确保它们成为生性友善的理想宠物。特别重要的是从小就要培养这些猫的社交能力。成年后，它们能长到8.2～13.6千克重，公猫比母猫更重一些。

	特征、特性	备 注
简述	挺大的野猫杂交种，由薮猫和家猫杂交育成	在薮猫的故乡也有把它们当作宠物养的
个性	被认为很像犬，甚至可以牵出去散步	
相貌	受到家猫的影响很大，具有典型的点斑	
在家表现	会以想不到的方式跳起来迎接主人	
行为	性格活泼而外向，能跳得很高，摇尾巴问候	培养这些大型猫的社交能力特别重要
美容	简单的刷毛就能保持皮毛状态良好	
常见健康问题	肝脏有时候会比别的猫小，要注意用药剂量	氯胺酮麻醉不能被采用

10. 塞伦盖蒂猫Serengeti

别看它起了这样一个名字，这种猫实际上跟非洲没什么关系。之所以这么称呼还是因为这种猫有点像非洲产的薮猫，较之于热带草原猫（见124页），它是另一个不同的培育计划的产物。

概 要

- 家猫品种
- 野猫的样子
- 漂亮的花纹
- 很好的居家宠物

	特征、特性	备 注
简述	孟加拉豹猫和东方猫进行杂交的结果	目标是培育一种外形像小型薮猫的品种
个性	性格活泼，有时爱叫，但很友好	
相貌	特殊的长腿，很大的圆耳朵，皮毛有黑斑	自带（固有）色的黑色型被称为"黑化"品种
在家表现	给予很多玩耍机会，提供玩具是个很好的选择	
行为	自信而独立，能跟犬相处融洽	
美容	底毛很少的发亮皮毛不怎么需要打理	
常见健康问题	这种猫当中没有记录到特别的问题	

溯源

塞伦盖蒂猫的培育设想是由美国加州肯斯麦克猫舍的卡伦·沙思曼提出的，这是1994年才开始的培育项目，她采用孟加拉豹猫（见117页）和东方猫（见63页）之间的远缘配对，实现创造一种像薮猫的小型猫种的目标，而不是一项涵盖野猫的杂交计划。这个目标中因此不存在后代不育和猫良好性格养成方面的问题，可以在很广范围内寻找合适的亲本。其他地方譬如英国的爱好者也在进行类似的培育计划，如今已经有各种塞伦盖蒂猫被猫展机构认可，尤其是棕色点斑虎斑猫，自有（固有）色黑猫，以及乌木色型中的银色和烟色类型。

大而高的耳朵

耳朵很宽，按头的比例看位置较高，耳端圆

清晰的花纹

斑纹和底色形成强烈对比，口鼻、下巴和下体白色

未来

英国的繁育者已经从孟加拉豹猫中培育出雪花点的品种。虽然新培育的塞伦盖蒂猫的公猫比母猫大，但体重仍然不及热带草原猫的一半，更方便抱起来玩。塞伦盖蒂猫的长相已经被归到东方猫的类型中去，基因中有关花纹的性状是由孟加拉豹猫植入的。在气质方面，它们是自信、活泼和爱玩耍的猫，在家养环境中表现不错，甚至能跟犬作伴。

长腿

长腿让猫看起来身材高挑，腿的末端是大小适中的椭圆形脚爪这类猫适合那些不光是想养一只猫，更希望自己的猫能学会在家里做事的人群。

玳瑁纹猫

具有天赋的猫

猫都是有天赋的，然而有些品种会比别的猫更擅长学会一些东西，包括用爪子开橱门，被牵着散步，甚至学会在游戏当中把球捡回来。很多情况下存在个体禀赋的差异，但是作为捕猎动物，猫有这方面的适应能力。

或许让人意想不到的是，年轻的猫学得比成年的猫更好，因此你会发现早期的调教要比滞后的训练更有效。这反映出在断奶期前后的幼猫会像野生的幼猫那样，在母猫的教导下学会如何捕食，以及如何获得基本的生存技能。

经常听人说，普通的非纯种猫在学习本领方面更具有优势，有着相似血统的不同品种的猫会表现出类型相似的行为特点；另一方面，像长毛波斯猫那样的品种，几百年来都被娇生惯养，许多代都在猫舍里面长大而不是在外面自由活动，所以就不太能表现出那样的天赋。

另外，像暹罗猫那样经常跟人生活得很近的亚洲品种，也能表现出某些方面的天赋，通过观察主人的动作和进行互动而得到条件反射，学会如何玩游戏，它们天性的灵巧也能在其中起到作用。

玳瑁加白色猫

1. 阿比西尼亚猫Abyssinian

这些有吸引力的猫很依赖人，跟主人形成紧密的关系，非常有感情。它们有着喜欢玩耍的性格，如果是跟家里的犬一起养大，它们可以经常玩、睡在一起。

概 要

- 喜欢玩耍
- 专注
- 吸引人的外表
- 感情丰富

特征、特性

具体内容参见 44 页

溯源

在阿比西尼亚猫育成的过程中起作用的那些猫帮助其形成了机灵和反应灵敏的特征。这个品种起始于一个单独个体，后来通过一系列不同的杂交来获得毛尖色花纹的外表。育种者还通过选育，移掉了其他毛尖色虎斑猫通常腿部具有条斑的这个特征，这就形成了阿比西尼亚猫，或者也常被称为“阿比猫”的独特相貌。被育种者很推崇的一个特征是它的耳簇毛，这使得这种猫拥有一种与众不同的异域风格，尽管如今这种簇毛已经没有以往那样明显，可能是因为培育别的体色时所进行杂交的缘故。

玩球

虽然阿比西尼亚猫是相对安静的猫，但它们根本不是反应迟钝，恰恰是很灵敏的。它们热衷于陪伴人，很容易学会在游戏中把轻质的小球叼回来。在木头地板上玩这种游戏很合适，因为小球可以自由滚动，吸引猫去追逐和用脚爪拍打。如果你没有空，阿比西尼亚猫也很容易学会用这种方式自娱自乐。

2. 哈瓦那棕猫Havana Brown

这些猫虽然号称是独立品种，而实际上是最早育成的东方品种，它们最初在英国被称为"栗棕色外国猫"，在北美则被称为"哈瓦那棕猫"。

概 要

- 迷人的棕色
- 闪亮的外表
- 富于表情
- 触觉灵敏

	特征、特性	备 注
简述	特别吸引眼球的棕色毛发，明亮的眼睛	不如以前那样纯粹了
个性	活泼好动，喜欢人的陪伴	
相貌	苗条、优雅的体形，加上很有活力的个性	
在家表现	喜欢攀爬跳跃，要小心东西被它碰翻	
行为	情感丰富，性格外向，期望被关注	很厉害的猎手，特别是对鸟而言
美容	皮毛光滑，基本不怎么需要打理	只要抚摸皮毛就能使外表光鲜亮丽
常见健康问题	怕冷，易受呼吸系统感染的影响	遇到很湿冷的天气，不要让猫外出活动

溯源

在早期的猫展中，暹罗猫都是绿眼睛加固有色和蓝眼睛加色点型的，到了20世纪20年代，前一类猫被冷落了，不再用以展出，很快就绝迹了。在20世纪50年代早期，部分英国的育种者打算重新培育这类猫，为此还制定了繁育方案。用一只巧克力色点暹罗猫和一只黑色的短毛猫配对，他们培育出了一种栗色（巧克力色）的猫，依据哈瓦那野兔或哈瓦那雪茄的颜色，这个品种被命名为哈瓦那棕猫。不幸的是，由于后来大量掺入东方猫族的血统，这种最早的形式已经变得稀少了。

特点

哈瓦那棕猫是一种活泼的猫，偶尔会用它像手那样纤细的脚爪翻转东西。它们如今的长相反映出后期植入血统的俄罗斯猫（见98页）的特征，同时也带来了毛色淡化的基因，在猫的黑色性状中加入了淡化的蓝色基因，由此在哈瓦那棕猫中偶尔出现的淡紫色（巧克力色的淡化形式）猫就是这种杂交遗传的结果。

3. 日本短尾猫Japanese Bobtail

这些样子特别的猫很像日本传统文化中放在家里窗前和店堂里，让路人一眼就能见到的陶瓷吉祥物“招财猫”，这些猫据说能带来好运气。

概 要

- 古老品种
- 成熟较早
- 长寿
- 健康

溯源

猫由中国传入日本已有1 000年以上的历史，最初是贵族饲养的宠物，经常被牵着到处溜达，当时的日本鼠害猖獗，老鼠啃坏很多东西，包括米纸材料的书画，在高效灭鼠剂问世以前的漫长岁月里，猫一直在日本的文化中占有一席之地。这种猫兼有长毛和短毛的品种，短毛的更常见。跟马恩岛无尾猫（见132页）的情况不同的是，日本短尾猫生来从未出现没有尾巴或者尾巴完好的情况，短尾巴对于这种猫来说是普遍的特征。

	特征、特性	备　注
简述	日本以外地区不常见，尤其在欧洲	
个性	适应性强，友善，活泼好动，重感情	理想的宠物，特别是有孩子的家庭
相貌	长毛种有着半长的毛发	
在家表现	能培养成很个性化的伴侣宠物	
行为	不是那种适合被一直关在家里的品种，喜欢探索	依然保留捕猎本能，特别是捉老鼠
美容	换毛期间需要更多的照料。即使是长毛品种打理起来也不很困难	
常见健康问题	没有特别的记载。常外出的猫要注意跳蚤	短尾巴不会对它的健康带来不利影响

三角形的头部
脑袋呈等边三角形，大耳朵分得很开，鸳鸯眼的猫很受欢迎

绒球般的尾巴
有些尾巴既不伸直也不卷曲，这不会影响其他部位的脊柱功能

细长的后腿
后腿较前腿长，但通常弯着，所以背部看起来是平的

式样

除了色点型或阿比西尼亚型的所有形式都被认可。白色毛占了大半部分的双色猫很常见，印花布色（玳瑁纹加白色）通常最受欢迎。日本短尾猫是很和善的猫，会发出各种各样的叫声。这些猫喜欢追球，可以训练成很好的叼物帮手。很多情况下它们是完美的居家宠物，和孩子及犬都能很好相处。1968年以前，这种猫在日本以外的地区不被了解，如今在北美的数量还算普遍，而在欧洲就很少见。

4. 曼德勒猫Mandalay

这是新西兰当地的品种，部分育自缅甸猫族群。在它的故乡拥有强大的粉丝群，不仅仅是因为它有着闪亮的外表，还有着成为伴侣宠物所应具有的活泼可爱的特质。

概 要

- 地区性品种
- 丝缎般闪亮的皮毛
- 眼睛颜色特别
- 公猫略大

	特征、特性	备 注
简述	皮毛光滑，时尚宠物，有多种毛色	
个性	性格外向，很深情	渴望关注，亲和性强
相貌	吸引人的漂亮眼睛和毛色形成对比	
在家表现	希望有很多机会玩耍和攀爬	别忘提供猫抓板和定期剪指甲
行为	活泼好动，能融入居家生活	
美容	很少有底毛的光滑皮毛意味着修饰的活很少	梳理能使皮毛更闪亮
常见健康问题	没有特别的记载	

溯源

培育这些猫的最初方案是用缅甸猫（见 56 页）和非纯种猫配对，和缅甸猫比起来，这种做法使曼德勒猫看起来毛色更深，所以图上的这只乌木色的猫看上去偏黑而不是棕色，毛色甚至看不到色点；眼睛的颜色同样也加深了，在金黄色到琥珀色之间变化；皮毛也更华丽，丝缎般的质感不怎么需要特别护理。曼德勒猫的育成很偶然，是在 20 世纪 80 年代的一次普通杂猫和缅甸猫未经计划的杂交中产生。令人惊奇的是，尽管这种猫有着很吸引人的机灵气质，知晓它的人却不是很多。

多彩品种

孟买猫（见 94 页）和曼德勒猫非常相似，但孟买猫几乎全是黑色的，而曼德勒猫的毛色要丰富得多。品种培育的早期阶段红色型很突出，还有一些相关的变化如奶油色和玳瑁纹色，和哈瓦那棕猫（见 129 页）同样的巧克力色调，如今薰衣草色和蓝色型的也常见了，其他还有肉桂色、浅黄褐色、杏黄色和焦糖色，以及虎斑纹色和玳瑁纹色的品种。

头形
差不多是等边三角形，耳朵使表情很生动

直尾巴
尾巴中等长度，尾根不粗，向后略变细，末端圆形

较长的后腿
后腿较细，比前腿长，脚爪椭圆形

5. 马恩岛无尾猫Manx

马恩岛无尾猫属于世界上最有名的猫种，尽管它不是很常见。这些猫被认为有很高的智商，对于有幸在家里养了这种猫的人来说，它们是极好的伴侣宠物。

概要

- 没有尾巴
- 大块头
- 很友好
- 脾气随和

溯源

马恩岛无尾猫的精确起源被笼罩着谜团，可以确定的是它起源于英国西海岸外的马恩岛，据说它们的祖先是在1588年阿玛达战役中一艘沉没的西班牙帆船上，后被遗弃在荒岛上的。比较靠谱的观点是，这些没有尾巴特征的猫是在当地猫局部小范围的近亲繁殖过程中出现的变异。这个品种有着悠久的历史，在19世纪末的早期猫展中已经露面，它是唯一一种被允许展示的没有尾巴的猫。

	特征、特性	备　注
简述	情感丰富，较大的猫，分布不广。每窝产仔少	不仅仅只有无尾的个体
个性	友好，在家很安心	
相貌	很特别，有方形的身体和小兔那样的行走方式	前腿比后腿短所造成的
在家表现	忠实，也乐意有机会到外面遛	
行为	性格随和，跟人和犬都很好相处	
美容	需要经常的梳理，但不麻烦	
常见健康问题	幼猫会患有脊柱裂、肢体无力和便秘	长寿品种

品种构成

就跟威尔士天尾猫（见69页）的情况一样，马恩岛无尾猫有三种基本类型：没有尾巴的叫"无尾猫"；尾巴半长的是"残尾猫"；有些则具有完全正常长度的尾巴。被认可的毛色基本上就是英国短毛猫认可的毛色，在斑纹样式中，虎斑纹和白色变种比较常见。如今的马恩岛无尾猫有着圆圆的脸和身子，而以前的个体更高更瘦。它们是适应能力很强的猫，曾经有一只很有名的马恩岛无尾猫陪同一只斗牛犬参加了20世纪20年代的犬展，一展风采。

色斑分明
皮毛上有颜色的部分和白色界限分明是很重要的

方形
腿的长度跟背的长度差不多，感觉身体轮廓是方形的

长长的后腿
后腿比前腿长，身体短。它独特的步态被称为"兔子跳"

6. 暹罗猫Siamese

暹罗猫早已家喻户晓，而不仅仅是因为它们的身材苗条优雅。它们对主人极度忠诚，对于单身家庭来说，它们是特别理想的伴侣宠物。

概 要

- 非常优雅
- 情感外露
- 活泼好动
- 喜欢攀爬

溯源

早期的暹罗猫和如今很骨感的暹罗猫有着很大的不同，这样的外貌变化是在二战以后才发生的，这个时期也涌现了很多的毛色，如奶油色点和红色点的变种由于红色基因植入暹罗猫的血统而出现。20 世纪 30 年代将红色虎斑长毛波斯猫作为远交血统引入的时候曾经饱受争议，直到 30 年后，暹罗猫才获得展示机构的认可，在登记的时候还往往不总是被作为暹罗猫，有些北美机构把这些浅色的变种另称为色点短毛猫。

特征、特性

具体内容参见 86 页

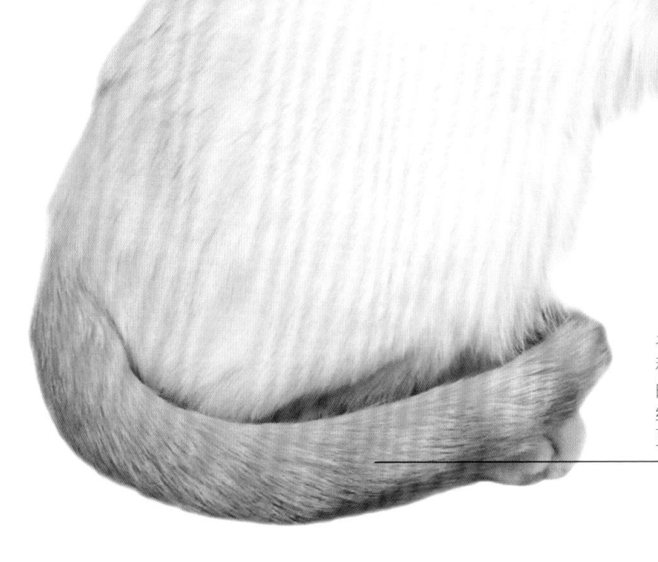

展望

这些猫刚出生的时候是白色的，几天后才开始显现色点颜色。虎斑的形式并不罕见，腿上显示随机的条斑特征。暹罗猫的眼睛总是那种典型的带有特殊阴影的蓝色。在气质方面，这些新毛色的暹罗猫跟其他暹罗猫没有什么差别，它们渴望被人注意，十分外向，如果被冷落就会大声叫。暹罗猫用它们的前爪进行探索，譬如想看看一件东西的下面有什么，或者找回在嬉戏过程中滚到椅子底下的皮球。

7. 土耳其安哥拉猫Turkish Angora

世界上很多古老的猫种都起源于土耳其周边地区，土耳其安哥拉猫本身就被认为在长毛波斯猫的育成中起了关键的作用，它如今已经很罕见了。

概 要

- 眼睛颜色有变化
- 丝质毛发
- 白色是传统色
- 会有先天性耳聋

溯源

这种猫的发源地在土耳其的中部地区，以往被称为安哥拉（即如今的安卡拉）的附近。这种猫被认为和古埃及的猫有着直系血缘关系，在被贸易商带到土耳其之前就已经在安纳托利亚（小亚细亚）东部生活了上千年。这种猫的传统毛色是白色，有着一蓝一黄的鸳鸯眼的个体在其故乡的价格是最贵的。在上世纪初，这些猫在其故乡变得很稀少，于是在安卡拉动物园实施了一项旨在保护这种猫的特别繁育计划，该计划一直延续至今。

	特征、特性	备 注
简述	古老血统，不会跟现代的安哥拉猫混淆	
个性	感情丰富而友善，习惯跟人在一起的生活方式	
相貌	较短的体毛，较长的尾毛	白色是传统中最受欢迎的品种
在家表现	有感情的伴侣宠物，很享受主人的理毛	
行为	好奇心强，喜欢游荡，但不会走远	
美容	换毛期间要多费心修饰打理，特别是在春季	全年毛发长短会有变化
常见健康问题	在蓝眼或鸳鸯眼个体中耳聋情况常见	鸳鸯眼的猫，位于蓝眼上方的那只耳朵会失聪

毛色识别

虽说土耳其安哥拉猫在欧洲出现已有500年，但第一次来到美国还是1963年的事，而获得展示认可则又经过了十年，并且仅限于白色的品种，但不论眼睛的颜色。这种状况一直延续到1978年，才有其他的品种，如这种棕色虎斑加白色的猫首次得到认可。除了东方猫的体色，如今土耳其安哥拉猫的所有毛色和花纹样式基本上都能被接受。

8. 土耳其梵猫Turkish Van

这种土耳其的猫生活在土耳其的梵湖周边地区，很特别的是这些猫会通过跳到湖里游泳的方式来降温。该品种由1955年到该地区旅游的两个英国人发现。

概 要

- 历史悠久
- 喜欢水
- 享受梳理
- 花纹特别

	特征、特性	备 注
简述	不常见	
个性	活泼，好奇，重感情	
相貌	体毛中白色占大部分，常有红色虎斑纹	蓝眼猫不会有耳聋现象
在家表现	经常会被滴水的水龙头迷住，喜欢坐着用爪子玩水	不害怕跳到浴缸里，甚至会跳到外面的池塘里，特别在夏天
行为	喜欢跟人在一起，天性爱玩耍	
美容	冬季到春季期间要多费心修饰打理	此阶段毛发会很浓密
常见健康问题	有激素问题和皮肤过敏的情况	

溯源

旅游者把一对土耳其梵猫带到了英国，很长时间以来都没有被人们接受，直到1982年才首次见于美国。它们的外貌受到环境条件的影响很大（夏季酷暑，冬季严寒），由此这些猫在冬季长出很浓密的体毛，包括颈部独特的饰毛；到春天这些毛脱落，换上单层的体毛，看起来跟普通的短毛猫没什么两样。全年都保持着长长毛发的部位就只有尾巴了。

宽肩膀

这种情况很特别，影响到胸部的宽度，公猫尤其明显

防水皮毛

这表示游泳后的猫很快就能弄干毛发，在冬季即使没有浓密底毛，也能有效抵御冰冷的雨雪

较长的后腿

后腿有强健的肌肉支持，更有利于它的游泳习性

样式

图片上的猫是一只红白虎斑的样式，近年来出现的纯白的品种在其家乡大受欢迎。作为规范，有颜色的毛必须局限于头部和尾部；身体上有一些随机的点斑也可以被接受；左肩上出现指纹般的有颜色的毛很典型；眼睛颜色可以是蓝色或者琥珀色，或者两者兼有。蓝眼睛的猫不会有先天性的耳聋。最近偶尔会报道见到绿眼睛的土耳其梵猫，但是这种猫不被养猫人所青睐。

9. 黑白猫Black and White

这种毛色大量存在于非纯种猫之中，斑纹变化很大，使每一只猫看起来都不一样。虽然它们其中会有一些可能会存在自身特别的怪脾气，但通常都被认为很温顺，是合适的伴侣宠物。

概 要

- 个性化容貌
- 体型大小不一
- 性格随和
- 需要一些梳理

溯源

杂种猫总是被认为有不低的智商，这反映在它们居无定所以获取食物的行为上，这给人的感觉常是负面的，而实际上它们只是为了下一顿饭而奔波。不可否认的是，假如一只猫被遗弃，它必须获得有效的觅食本领才能在野外活下来，这就是为什么在很多大城市会有大量流浪猫存在的原因。它们按照自由生活的方式存在，捕猎和翻找垃圾，尽量躲着人类。在这样的环境下出生的幼猫也几乎不可能被养乖，但在这种情况下，驯化这些猫并非是不可逆的。

长相

双色猫在杂种猫当中很普遍，而自带（固有）毛色的个体很少见，因为纯种猫的带（固有）毛色是通过选育得到的。双色猫的花纹有很大的随机性，有的猫身上有颜色的部位占很大面积，而有的则是白色占主导，它们在两眼之间通常不会有白斑，白色的部分常从下巴扩散到胸口。

机警的表情

大多数非纯种猫脸形都是圆的，耳朵比较尖

粗壮的尾巴

长度适中，向后逐渐变细，末端是圆的

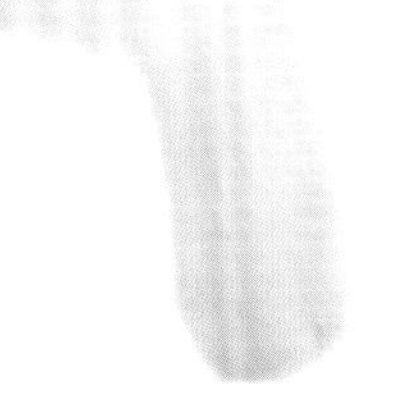

杂毛

杂种猫的毛色界线不像纯种猫那样明显，白毛混到黑毛区域中的情况也常有

身材结实

大多数具有粗而结实的腿，脚爪也相对较大

10. 经典虎斑和白猫 Classic Tabby and White

不是只有纯种猫才会有漂亮的花纹，实际上，如今很多经典虎斑样式的品种都来自这类非纯种的猫，这种形式被注入品种猫的血统当中。

概 要

- 漂亮的花纹
- 有领域性
- 可训练
- 反应灵敏

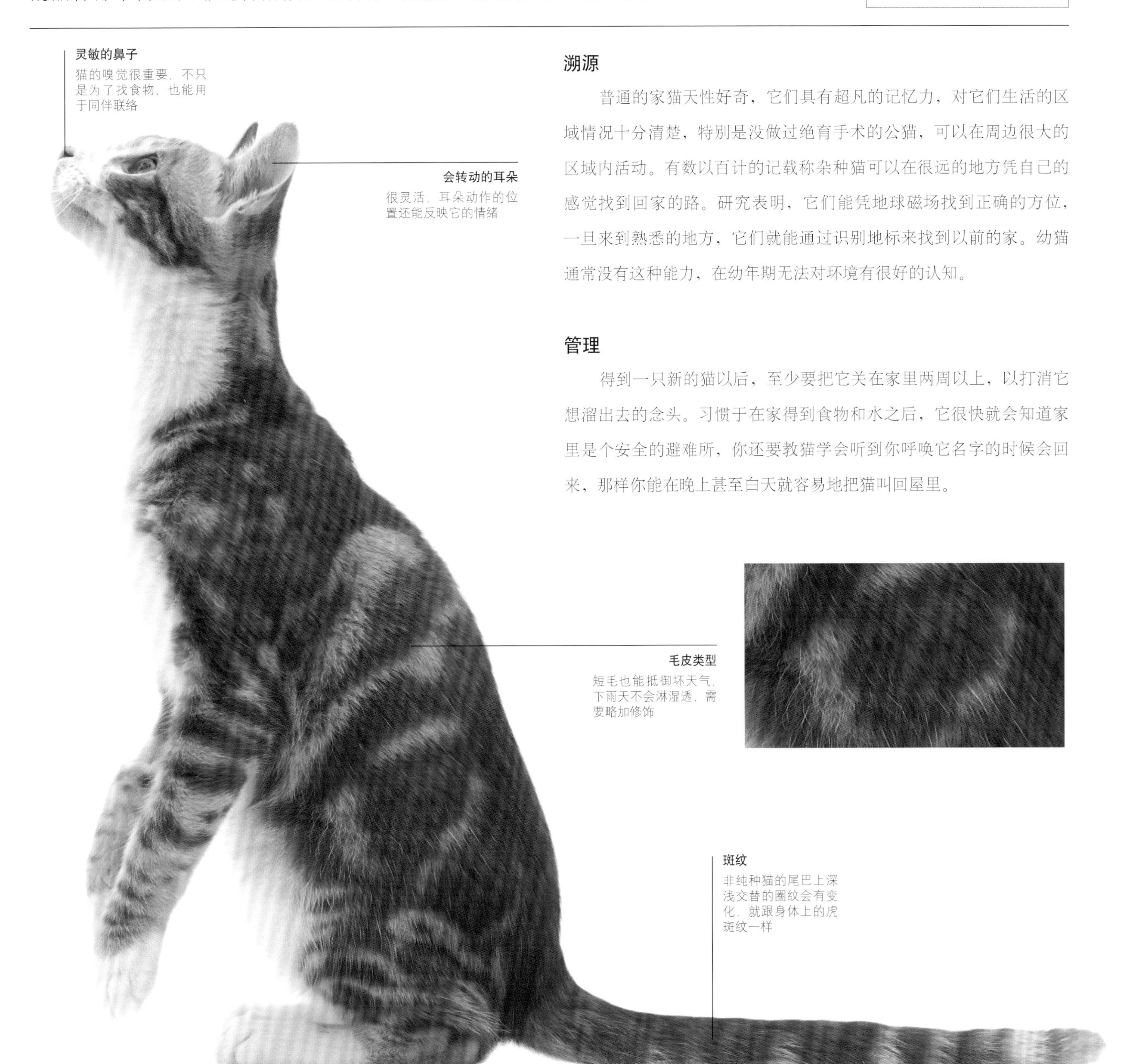

溯源

普通的家猫天性好奇，它们具有超凡的记忆力，对它们生活的区域情况十分清楚，特别是没做过绝育手术的公猫，可以在周边很大的区域内活动。有数以百计的记载称杂种猫可以在很远的地方凭自己的感觉找到回家的路。研究表明，它们能凭地球磁场找到正确的方位，一旦来到熟悉的地方，它们就能通过识别地标来找到以前的家。幼猫通常没有这种能力，在幼年期无法对环境有很好的认知。

管理

得到一只新的猫以后，至少要把它关在家里两周以上，以打消它想溜出去的念头。习惯于在家得到食物和水之后，它很快就会知道家里是个安全的避难所，你还要教猫学会听到你呼唤它名字的时候会回来，那样你能在晚上甚至白天就容易地把猫叫回屋里。

这类猫适合有很多时间照料宠物，喜欢通过给它们梳洗打扮而建立亲密关系的人群。

长毛波斯猫

需要特别打理的猫

用在照料不同类型的猫身上的工作量是不同的，很大程度上取决于毛发的类型。有着长而浓密体毛的猫需要每天梳理，以免毛发缠结。另一个极端是，近年来风靡的所谓“无毛猫”维护起来也不省心，看起来它们似乎不用多少修饰打理，而实际上照料它们的要求一点也不能马虎，甚至比照顾长毛猫还要麻烦。

对于所有的猫来说，美容修饰都是一件很重要的事情，因为这能够增进你和猫之间的关系，还有助于保持你家里猫的健康。在梳理的过程中容易发现跳蚤和蜱那样的寄生虫，以及需要宠物兽医治疗的脓包和肿块。还可以在猫的耳朵尖，尤其是白猫，发现对于猫缺乏免疫的早期皮肤癌，以获得及时治疗。

较多的修饰打理工作还可以扩展到猫生活的其他方面，特别是对于生活在屋子里的猫，你要在家里辟一块地方供猫活动玩耍。同样重要的是，猫抓板那样的设施也不能缺少，可以防止猫的指（趾）甲过度生长，过长的指（趾）甲需要用特制的指（趾）甲剪来修理。

1. 顿河无毛猫Don Sphynx

如果不计较它的名字，这种猫和斯芬克斯猫（见 149 页）有很大的不同（斯芬克斯猫是最有名的无毛猫，国内习惯把所有的无毛猫都统称为斯芬克斯猫。译者注）。它实际上有着很多不同的名字，包括俄国无毛猫、顿河猫、顿河城猫等。

概 要

- 活泼
- 运动型体格
- 皱纹很多

溯源

顿河无毛猫起源自 1987 年在黑海东北沿岸的俄罗斯城市顿河罗斯托夫发现的一只母无毛猫，克里斯蒂 · 瓦娅成为这种猫的创育者，她培育的第一窝幼猫生于 1989 年，其中既有无毛的，也有毛发正常的幼猫，无毛的猫跟斯芬克斯猫有很大的不同，表明顿河无毛猫完全是不同的变异，主要来自自身基因突变，而非得自遗传，这就能解释瓦娅用一只常规皮毛的猫和无毛猫配对，就能得到无毛幼猫的原因。这种猫直到 1997 年才获得最终认可，如今数量增长很迅速。

外表

斯芬克斯猫在肢体上多少还有一些绒毛，顿河无毛猫几乎就是完全无毛的，它的颜色完全决定于皮肤的颜色。刚出生的幼猫身上还有稀疏的毛，长大后就会消失，到两岁的时候，它们就完完全全地“一毛不拔”了。它们的身体感觉像天鹅绒，摸上去暖暖的，就如它的身材所显示的，顿河无毛猫也是很具运动天赋的猫。

特征、特性		备 注
简述	又一种近年培育出来的俄国无毛猫	
个性	外向，友好，希望成为家庭关注的焦点	
相貌	虽然没有毛，它是有别于斯芬克斯猫的突变形式	用东方猫和暹罗猫杂交育成
在家表现	喜欢玩耍，幼猫尤其精力充沛，不知疲倦	
行为	活泼的性格表明在家里为这种猫辟一块活动场地很有必要	不太适合户外活动
美容	可用湿布擦拭身体，还要检查耳朵	
常见健康问题	不要过度擦拭皮肤，以免擦掉保护性的皮脂	会引发皮脂分泌失调

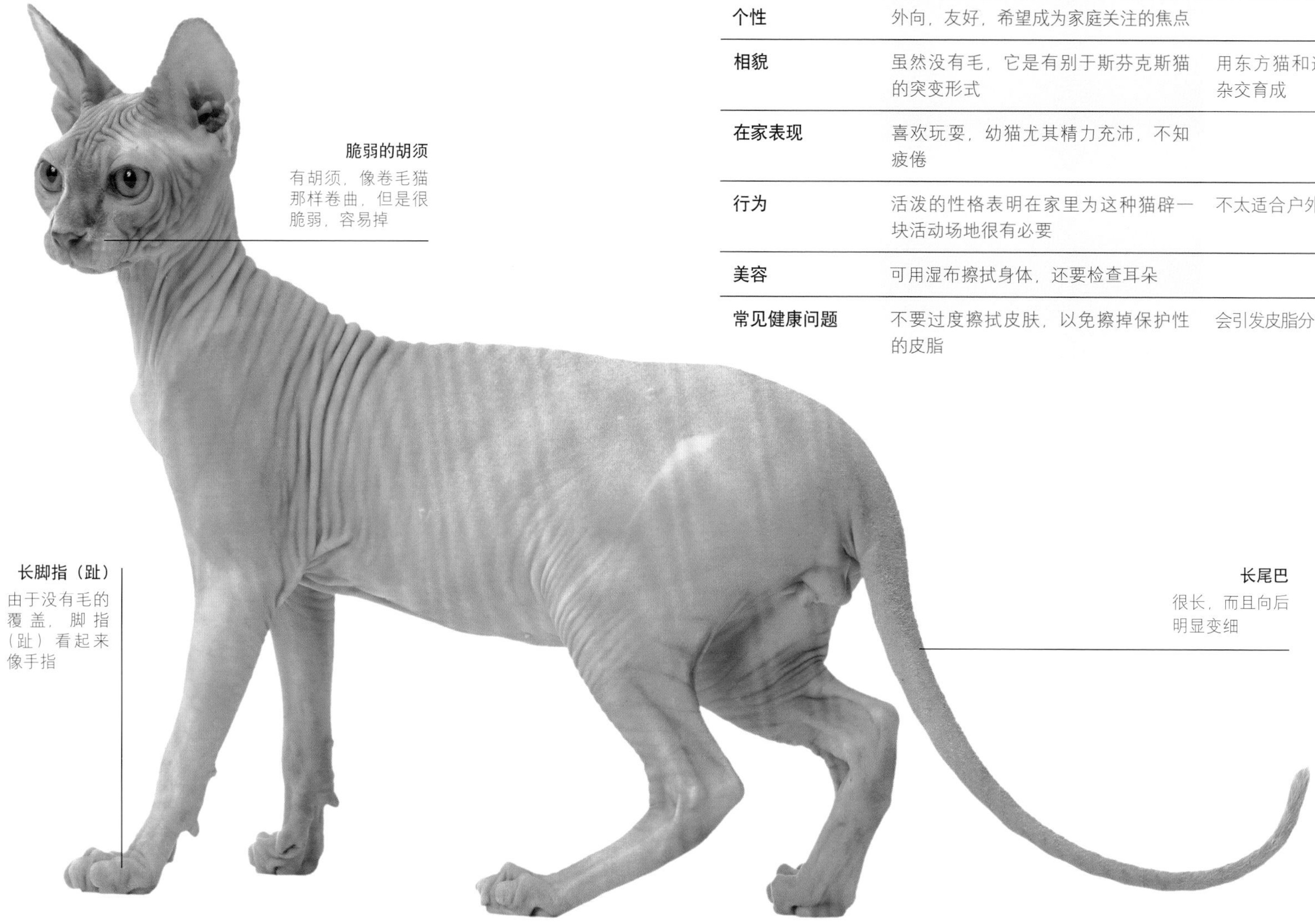

脆弱的胡须
有胡须，像卷毛猫那样卷曲，但是很脆弱，容易掉

长脚指（趾）
由于没有毛的覆盖，脚指（趾）看起来像手指

长尾巴
很长，而且向后明显变细

2. 金佳罗猫Kinkalow

这种短腿的猫是近年来在美国出现的，由两种不同的自然基因突变的品种结合后所产生的结果。金佳罗猫是很友善的品种，已经吸引了人们越来越多的关注。

概 要

- 独特的相貌
- 多种毛色
- 脾气友善
- 毛发长度不同

溯源

发生在芒奇金猫（见 82 和 85 页）和美国卷耳猫（见 105 页）之间的杂交育成了这种猫。已知如今的金佳罗猫有很多变种，包括本页图片上的这只毛色闪亮的自带（固有）毛色的品种，还有猞猁斑和色点型的个体。金佳罗猫还有长毛的品种，鉴于这种基因都存在于两个基础亲本中，所以也不可避免地会出现在金佳罗猫的血统中。金佳罗猫是唯一一种以缩写合并名字命名的猫，它的培育者特里·哈里斯考虑该给猫起个什么名字的时候，正好访问了联邦快递金靠折扣店，由名称的缩写 FedEx 得到启发，给这种卷耳矮脚的猫起了这样的名字。

行为

金佳罗猫是很有吸引力的品种，短毛不需要很多护理，然而让它们随意在户外活动可不是个好主意，除非你有个安全的室外空间，因为短腿导致它们的步幅很小，这使得金佳罗猫很难躲避附近具有攻击性的猫，这会迫使它们处在不利的位置而冒险穿越马路。造成这种猫具有特殊外形的遗传基因突变不会给猫带来别的健康方面的问题。

特征、特性

具体内容参见 81 页

耳朵形状
耳朵略微外卷，耳端圆形而不是尖形的

毛色
纯黑色，没有别的颜色毛混杂其中

体型差异
这是一种相对较小的猫，但公母的体型有差异，公猫体型大于母猫

有力的脚爪
腿脚只是短一些，但并不弱

3. 羊羔猫Lambkin

羊羔猫又是一种由短腿芒奇金猫（见 82 页）培育而来的最新品种。它们具有非常特别的皮毛样式，活泼友善的个性，培育出很多种毛色。

概 要

- 特别的卷毛猫
- 身体长
- 脾气好
- 不常见

溯源

在这个例子中，是由塞尔凯克卷毛猫（见 75 页）结合了芒奇金猫，成为羊羔猫的基础血统。一个时期它们也被称为“侏儒卷耳猫”，侏儒就有小型的意思。但是这个名字和羊羔猫比起来就显得不够吸引人，“羊羔猫”的名字来源于这种卷毛猫很有特点的皮毛，特别是在白色品种当中，看起来跟羊羔还真有点像。这些猫的培育并不是太困难，跟其基因突变的性状有关，两性均是显性基因。用一只塞尔凯克卷毛猫和一只芒奇金猫配对，就能在一窝幼猫中出现一定数量比例的羊羔猫。

未来

羊羔猫在现阶段还属于比较稀少的品种，但对于今后品种确立和数量繁衍有着很乐观的前景。首先是通过双亲的配对，相对比较容易得到这种猫；其次是这些猫非常可爱，很吸引人。就像塞尔凯克卷毛猫那样，这种猫的皮毛会随着幼猫的成年而发生变化，本色（固有色）以及条纹品种均有。

	特征、特性	备 注
简述	又一种新培育出来的侏儒品种。目前很稀有	由芒奇金猫和塞尔凯克卷毛猫杂交而成
个性	大胆而友善，适应居家生活，很安静	
相貌	特殊的卷毛，有多种毛色和纹理	长毛、短毛品种都有，体现出塞尔凯克卷毛猫的影响
在家表现	显示出高超的攀爬本领，跳跃能力差一些	
行为	重感情，有耐心，是极好的伴侣宠物	
美容	很简单，特别对于短毛品种而言	
常见健康问题	没有记录	

4. 拉波猫LaPerm

波浪形和卷曲的毛发让这种猫有了卷毛猫的特点，可以由此想到它名称的由来。气质活泼外向的拉波猫如今有着很多不同的毛色和纹式。

概 要

- 特殊的皮毛
- 显性遗传特质
- 友善，适应性强
- 没有浓密底毛

溯源

如今所有的拉波猫都能追溯到1982年在美国俄勒冈州达拉斯，一个水果农场出生的一只母的农场猫“库里”身上，该农场归琳达和理查德·科尔所有。小家伙和同窝的幼猫比起来，身上的毛显得稀稀拉拉，但后来却长出一身很软的卷毛。后来“库里”差点死于一场农场事故，于是被养在家里，不让它随意出门游荡了，但它最终还是死于难产。

后续情况

“库里”还是生下了一窝五只公幼猫，都有着跟它一样的卷毛。由于带有显性基因，这种猫在农场迅速繁衍起来。好奇的访客说服了琳达，让她带了几只猫去参展，结果立刻引起了大家的兴趣，于是对于这种猫的培育计划就启动了。如今对于这种猫的毛色和花样没有限制，由于早期用了暹罗猫和拉波猫随机配对，如今像巧克力色这样亚洲特性的毛色也不罕见。这种卷毛猫现在已经可以在全球很多国家见到。

	特征、特性	备 注
简述	育自农场猫，长毛型和短毛型都有	
个性	聪敏，粗放，适应能力强的宠物	
相貌	多变，紧致的卷毛和更显波浪形的毛都有	具有多种毛色和花纹
在家表现	强壮的猫，需要定期外出活动	长期关在室内的猫很难管
行为	天性活泼，会捕猎，尤其是捉老鼠	
美容	毛发类型多变，短毛类型不太需要特别操心	新生幼猫可能无毛或少毛
常见健康问题	没有明显健康问题	

5. 波斯猫Persian

这种猫所具有的毛发比其他种类的猫都要长，如果把身上所有的毛头尾相接，总长可以达到 370 千米左右！每天要有足够的时间花在替波斯猫整理打扮上面。

概 要

- 需要每天梳理
- 注意泪斑
- 脾气温和
- 性格安静

溯源

养一只波斯猫可不是随随便便的事情，假如不细心打理，身上的长毛就会很快缠结在一起，很难再通过梳理的方法把那些乱糟糟的毛重新理顺，经常不得不把波斯猫麻醉以后才能动手剪掉那些针毛和浓密底毛缠结在一起的毛球，特别是在春天，当浓密的冬毛开始脱换的时候。它们如今的品种跟 19 世纪初它们刚刚被培育出来的时候可是大不一样，今天被认可用于展示的不同毛色和纹样已超过 60 种。

脸型

这种猫的另一个变化是它的脸型，脸上的器官变得更紧凑，最极端的形式被描述为"京巴脸"，就像京巴犬那种很扁的脸盘。不幸的是，这也影响到了猫的泪腺，可以在靠近鼻子的下眼睑看到泪腺的出口。眼睛分泌物常会积聚在毛发上而不是像通常的那样流下来。这些被称为泪斑的棕色分泌物需要定期用湿棉签加以清洁。

特征、特性

具体内容参见 73 页

6. 长毛美国卷耳猫
Long-haired American Curl

美国卷耳猫最早出现在长毛的形式中，如今这样长毛的猫已经不常见，反而是短毛的猫比较常见，但这些猫的气质都是一样的。

概 要

- 相貌有特色
- 性格很温和
- 梳毛不困难
- 耳朵很脆弱

溯源

就像很多近年来被引入家猫血统的很特别的体征一样，美国卷耳猫是在 1981 年一只发生随机突变的流浪猫当中培育出来的，从那时候起，这个特征不仅仅是用在培育这种猫，作为正在实施的计划的一部分，也成功输入到别的品种血统当中去。在长毛美国卷耳猫的例子中，耳朵上还有被称为饰毛的突出的长长簇毛，这些猫的耳朵要比一般的猫耳朵更开放，但无法预知哪一只幼猫出生后会具有卷耳，这个特征要到几天以后才能够显现出来。

修饰整理

开放性质的耳朵并没有给这些猫带来不利影响，但是每天都要检查是否有细碎杂物进入耳道。要非常小心不要用东西乱戳，特别是不要用你的手指。用钝头镊子可以安全地取出掉进耳朵的杂物。相比之下照顾这些猫的毛发就不难了，因为它们没有特别浓密的毛发。

特征、特性

具体内容参见 105 页

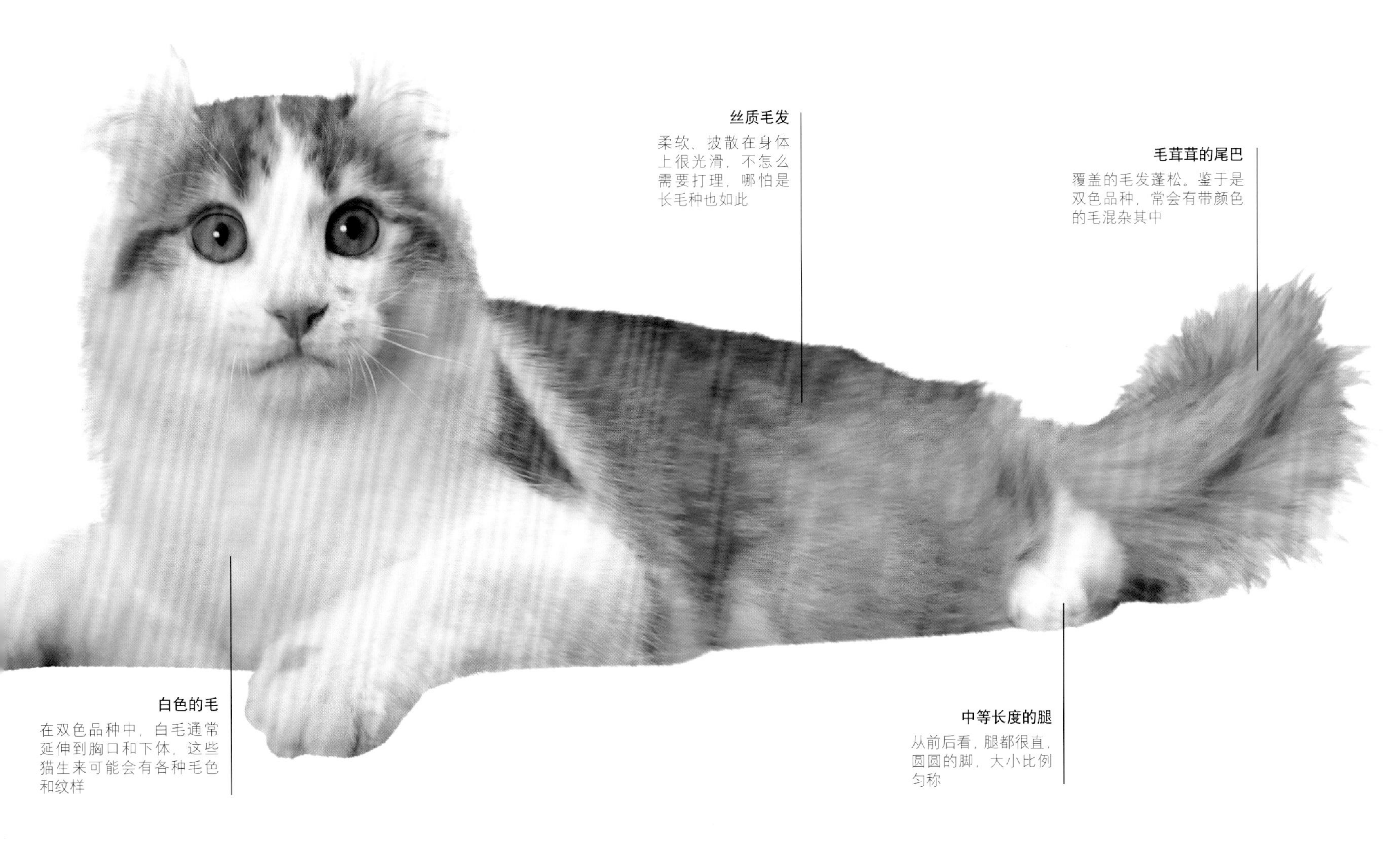

7. 长毛芒奇金猫 Long-haired Munchkin

在猫族中，随着芒奇金猫被广泛地饲养，它们的遗传稳定性已经不再成为特别重要的问题。

概 要

- 长相不一般
- 友善
- 梳理较容易
- 机灵

溯源

跟短毛的芒奇金猫比起来，长毛的芒奇金猫更受到关注，人们担心这些猫不会自己梳理毛发。尽管已经证明这种担心是多余的，但长毛芒奇金猫还是需要较多的梳理打扮，就像对待其他具有类似长毛的猫一样，要确保它们的漂亮毛发不会缠结。作为一种最好养在室内的猫，很容易训练它们被牵着走路，那样它们就可以安全地在室外活动。由于长相的原因，有些主人会把它们像雪貂一样养，它们当然是很顽皮的猫，常喜欢追逐嬉戏。

适应性

芒奇金猫不能跳到桌子上偷东西吃，它们就会找到一种替代的手段，可能会通过一把椅子再跳到餐桌上。它们身体产生的唯一明显变化的是腿的长度，芒奇金猫一出生就要受到很全面的兽医检查，但无论是长腿还是短腿，似乎都没有特别严重的健康问题。

特征、特性

具体内容参见 82 页

大耳朵
很突出，使这种猫给人一种很机警的感觉

良好的触觉
胡子基部深色，勾勒出清晰线条，有触觉的胡子长而突出

前腿
前腿短于后腿，平均长度约 7.5 厘米

多毛的尾巴
尾巴不短，这个部位的毛很长

坐得很直
芒奇金猫经常以这种姿势坐着，用后腿支撑着身体东张西望，这让它们得到“袋鼠猫”的绰号

8. 彼得秃猫Peterbald

育成于俄罗斯的彼得秃猫是最近才加入猫族的新成员，它们的外观会有很大变化，被证明是极佳的伴侣宠物。

概 要

- 毛发程度不同
- 毛色多样
- 东方猫的长相
- 感情丰富

	特征、特性	备 注
简述	新育成的无毛（少毛）品种	
个性	性格好奇，能和主人建立很亲密的关系	
相貌	被培育成具有苗条、优雅体形的东方猫种	长嘴巴，宽耳朵，脖子和尾巴都很长
在家表现	在家安心，但需要活动空间。毛发状况决定了它最好养在室内	不很吵闹，很忠诚
行为	喜欢在家里到处探索。机灵，善攀爬	
美容	因毛发类型而异，有些无毛，有些有短毛	怕冷和阳光灼伤
常见健康问题	如果不是生来就长满毛的个体，幼猫随时间推移而脱毛很正常	

溯源

这种猫在1984年育成于俄罗斯的圣彼得堡，是用顿河无毛猫（见140页）和一只东方短毛猫配对的成果。第一代出生了四只，成为这种猫的基础血统。彼得秃猫由此迅速发展，1996年在其故乡首次得到展示品种认可。后来几年，彼得秃猫在美国得到临时认可，到2008年就获得了全冠军。这些猫的外貌类型有点像当初作为远交亲本的暹罗猫和东方猫，由此也在这种猫身上产生了大量相关的毛色和花纹样式。

长相

彼得秃猫的一个不寻常特征是它们具有五种特别的毛发类型，完全秃的类型（就像其祖先顿河无毛猫）、植绒型（也叫麂皮型）、绒毛型、刷毛型，还有着短直毛的类型，都有着它们的祖先那样常态的笔直胡须。幼猫（除了那些全身长毛的）在临近成熟阶段会脱落身上的毛，对于它们的护理依据毛发的类型而定，譬如那些完全无毛的就需要保护它们免受阳光的灼伤。

刷毛型
这类彼得秃猫身体上有着粗硬的短毛，胡须卷曲还可能扭结

椭圆形的脚
能像手指那样抓东西

长尾巴
特别的，像鞭子那样的尾巴，让这种猫有很精干的感觉

9. 斯库卡姆猫Skookum

这种新兴品种的临时名字有多重含义，在这里则简单解释为“真好”，斯库卡姆这个名字或许也带有消极的内涵，可能会被换掉，但是这种猫很富于感情的个性则是毋庸置疑的。

概 要

- 跟人好相处
- 长毛、短毛都有
- 体毛有弹性
- 有表情的脸

溯源

斯库卡姆猫的培育是由美国的罗伊·贾露莎开创的，她用拉波猫(见143页)和芒奇金猫(见82页)杂交，打算培育一种卷毛、短腿的猫。两个亲本育成的可利用性较大，所以在别的国家也在开展类似的繁育项目。依照亲本的血统，斯库卡姆猫的长毛和短毛形式都存在。毛发是松散而不是紧密的，像拉波猫那样，卷毛是蓬松起来的，而不是紧贴身体。这些猫生来可以有任何毛色和花纹式样，色点型则可以追溯到拉波猫的早期祖先。

现状

斯库卡姆猫攀爬和跳跃都很灵活，它们是机灵的猫，公猫可以长得比母猫更大。美容修饰就跟拉波猫一样，每周都要打理一次。最好采用有转齿的梳子，那样就不会弄伤卷毛；假如可以洗澡，要让毛自然吹干或者用毛巾擦干，电吹风（有些猫会对此感到紧张）可以让毛发卷曲。

	特征、特性	备　注
简述	拉波猫的短腿版，和芒奇金猫杂交育成	新育成，目前数量有限
个性	随和的气质源自于两种非纯种猫的遗传	
相貌	卷曲、波浪形的毛像卷发，长毛、短毛都有	短毛形式的毛发很有弹性
在家表现	忠实、友好的伴侣宠物。渴望融入家庭生活	喜欢溜出门，要注意它和别的猫发生冲突
行为	机警，反应快，爱玩；是很好的家庭宠物	
美容	长毛类型要比短毛类型有更多的修饰整理工作	
常见健康问题	未发现特别的问题，它们是很健康的猫	

10. 斯芬克斯猫Sphynx

斯芬克斯猫又叫“加拿大天毛猫”。这是早在1966年就已经确立的第一种无毛猫，并且以此为基础培育了几种别的猫。斯芬克斯猫最好作为室内宠物饲养，会跟最亲近的人建立紧密的关系。

概 要

- 怕冷
- 不喜欢被紧抱
- 会靠着你坐下
- 活泼，适应性好

	特征、特性	备 注
简述	最早的无毛猫，如今已被广泛接受	有时也称其为加拿大无毛猫
个性	性格外向，爱玩，感情丰富	
相貌	能有各种纹样，形成独特的相貌	由于缺乏毛发，这种猫摸起来很暖和
在家表现	能在宽敞的室内生活得很好，室外易受阳光灼伤	
行为	喜欢蜷曲身子在毛毯下睡觉让身体暖和	
美容	每周擦身以免皮脂堆积	身体上覆盖着短毛
常见健康问题	有时候会患上肥厚型心肌病（HCM）	这是一种退行性心脏病

溯源

无毛的变异在家养动物中并不罕见，从小老鼠到豚鼠再到犬都会发生，斯芬克斯猫出现在加拿大以前就已经有一些无毛猫的报告。它的育成是和德文卷毛猫（见60页）杂交的结果，如今已经有了一定的规模和知名度。斯芬克斯猫通常有长毛的痕迹，尤其是在四肢的部位，而体色以皮肤的色素沉着为依据。具有粉白颜色的个体如果出门就很容易受到强烈阳光的灼伤；由于缺乏皮毛的保护，它们也容易因为争斗而受伤。皮肤会在身体的某些部位有皱纹，但总体来说身体还是挺光滑的。

照料

应该考虑到斯芬克斯猫身上仅有很短的毛覆盖着，这种短毛常被描述为“桃毛”，修饰它们所需的工作量很小。实际上它们需要每周洗澡，用湿海绵擦去积聚在皮肤表面的天然体脂。 它们大而突出的耳朵也需要定期用湿棉球加以清洁，但不能用棉签插到耳朵里面，那样会造成严重的伤害，只需轻擦耳朵内侧就行。

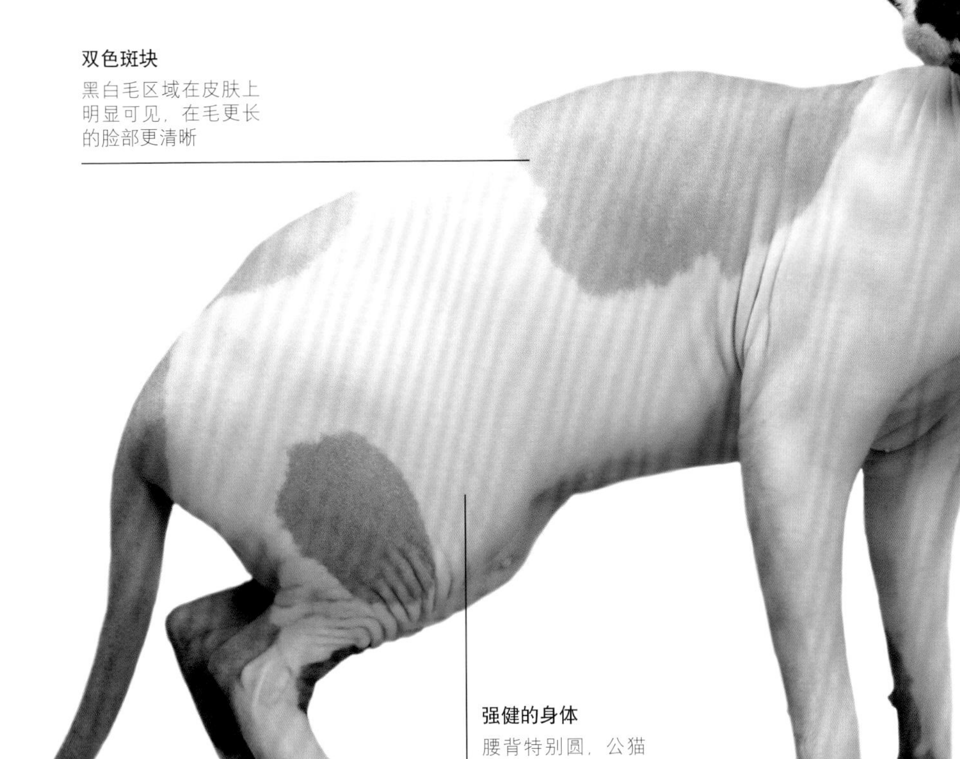

双色斑块
黑白毛区域在皮肤上明显可见，在毛更长的脸部更清晰

强健的身体
腰背特别圆，公猫更强壮，胸腹部也是浑圆的

厚脚垫
脚下看起来有老茧的感觉，悬指（趾）垫高悬在腿上，也很明显

这类猫适合那些喜欢养一只与众不同的，而不是普通的纯种或非纯种猫的人群。

棕色虎斑猫

玳瑁色加白色猫

外形奇特的猫

从很多方面考虑，杂交的猫可以在两方面都达到完美，既有可人的相貌，也有很好的气质，特别是当你在两种猫的选择中犹豫不定时，杂交猫是个很好的选择。不足之处是这样的猫数量有限，很多情况下，它们是无法事先可预测的、不经意交配的产物。

在一些情形下，这样的配对也可能是事先筹划的产物，旨在培育出新的品种，而这意味着繁育计划之外的多余幼猫也是有用的，对于毛色和样式的选择可能非常有限，你要有耐心，来等到一只你喜欢的幼猫。

有时候你也能得到一只在早期繁育计划中派过用场的成年猫，育种者有时候在符合培养条件的幼猫数量较多的时候，会卖掉成年种猫。买一只以往一直生活在猫舍，而不是被养在家里的猫不是个好主意，因为那样的猫不太容易适应居家环境，胆子会比较小。

红虎斑加白色猫

1. 西伯利亚杂交猫 Siberian Cross-breed

具有长毛的猫通常要比短毛的猫更少见，部分的原因是长毛的特质是隐性基因决定的。长毛的猫总是能吸引眼球，哪怕它们的毛色不是很鲜亮。

概 要

- 长毛
- 典型的双色
- 比较安静
- 喜欢户外活动

溯源

西伯利亚猫（见 76 页）身上浓密的毛是自然进化的结果，是为了能够抵御它故乡的严寒，而不是为了创造出来仅供观赏的。这些猫代表了家猫中经过长期培育而具有天然长毛的群体，在不同的环境下产生了不同的外形。直到 20 世纪 80 年代，随着开放时代的到来，这种猫才出现在西方世界。作为很活跃的户外猫，西伯利亚猫需要可以自由的活动空间，这就导致有时候不经意就会生下一窝幼猫。

相貌

这种特别的猫长着比典型的非纯种猫更长、更浓密的体毛，体现出西伯利亚猫祖先对它的影响作用。在夏季，体毛会短许多，颌下的长长针毛也会消失不见。这里见到的毛色是普通家猫的那种类型，黑白斑块是随机分布的，明亮的绿色眼睛显得特别有精神。这类猫需要常规的毛发打理，尤其是在更换冬毛的阶段，否则它们自己在整理杂乱毛发的时候就很容易吞下掉落的毛，在胃里形成难以消化的毛球。

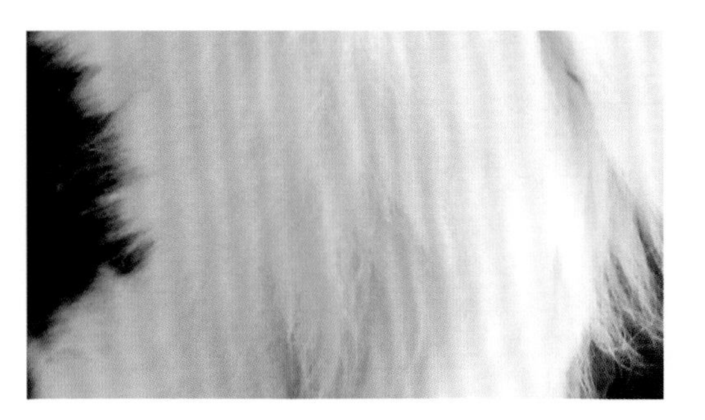

突出的胡须
胡须可以帮助猫判断缝隙的宽窄，以免通过的时候被卡住

较大的体型
西伯利亚猫的血统使这种猫的身材要比典型的杂种长毛猫更大一些

没有特别的花纹
皮毛上的黑白斑是多变的，同一窝的幼猫因而会具有不同的斑纹

2. 英国短毛和波斯杂交猫
British Shorthair and Persian

这是知名度较高的异种交配之一，最终还造就了异种短毛猫（见 47 页）。

概 要

- 可爱的外表
- 大眼睛
- 很安静
- 身体强壮

玳瑁色
这是一只不寻常的玳瑁色加白色猫，英国短毛猫的浅紫色被隐去了。两眼之间的奶油色很明显

大眼睛
这只猫有着圆圆的橙色大眼睛

溯源

用新兴的英国短毛猫（见 46 页）和波斯猫（见 144 页）的杂交断断续续地发生在猫品种展示刚开始的阶段，此举的初衷是想把较大体型的基因引入到由普通街头猫育成的新型短毛猫品种中去，此举的结果是出生的幼猫在血统中失去了长毛的基因。英国短毛猫的古典毛色又得到恢复。最近认为此举还可以把新的毛色引入到品种之中，鉴于波斯猫族群中被认可的毛色和纹样超过 60 种，这就为这种杂交猫提供了更多潜在的变数。

结果

由这样的配对产生的猫体型都比较大，但头部的形态通常不像波斯猫那么宽，它们的脸盘受到影响，也是扁扁的，鼻子的区域不是很紧凑，但公猫在成熟后会在脸颊上长出特征性的吞咽区，称之为宽面颊。同一窝的幼猫会有个体差异，有的幼猫像波斯猫更多一些，也有的更像英国短毛猫。两种不同的品种以这样的方式杂交，没有严格的标准可言。

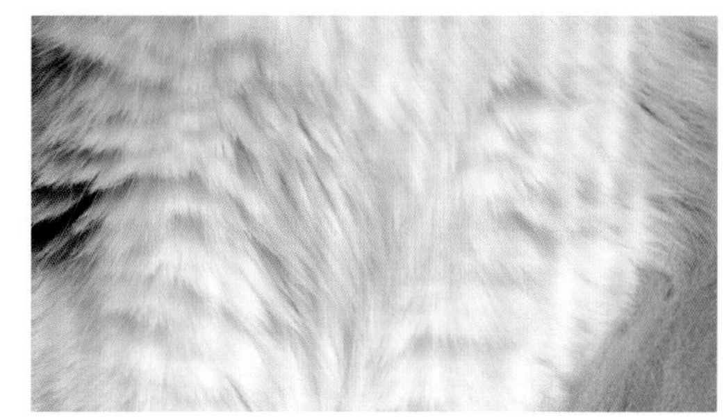

毛色
就像纯种猫通常具有的特点那样，这只猫的颜色区域依然界限分明

对称的斑纹
两条前腿都是白色的，就跟下巴到胸口的毛色一样，但这样的斑纹在杂交猫中属于个性特征

3. 英国短毛杂交猫
British Shorthair Cross

并不是所有的非纯种猫配对都会产生跟亲本截然不同的个体，在经过一代之后，亲本的气质特点也不一定会得到延续。

概 要

- 个性化外貌
- 英国短毛猫影响大
- 感情丰富
- 皮毛易打理

溯源

英国短毛猫实际上就是由 19 世纪在英国维多利亚大街上的普通猫直接育成的。尽管这些猫如今的体型明显更大了，有着胖胖的身材，但本质上还跟原始的遗传基因有着基本的联系。这个特点或许比其他什么因素都更强烈地反映出它们的气质特点，无论是来自美国还是欧洲的血统，这些短毛猫在这方面都要比别的品种猫更接近普通的非纯种家猫。它们对人友好但不过分感情外露，吵闹的程度也一般。把英国短毛猫和非纯种猫结合，可能不会把个性特点很好地传给它们的后代。

非纯种的配对

也存在这样的可能，将被认可的纯种猫和别的猫配对，血统证明在这样的后代身上就没有用了。不是所有的养猫人都会把这样的血统证明交给只想养一只宠物猫，而不计较是否纯种的新主人，这也是让育种者有时候会这么做的部分原因。有的猫会因为有小小的瑕疵而不能被用作高品质的展示猫，但这不妨碍它们成为极好的伴侣宠物，在价格上也比得到一只有潜在夺冠实力的猫要实惠很多。实际上，假如你没有专业的眼光，是不太能够发现某一只猫为何不如用于参展的猫那样优越的。

古铜色眼睛
眼睛圆而突出，使猫看起来更神气

蓝奶油色
这只猫具有浅玳瑁色，尽管跟典型的蓝奶油色相比之下纹理显得很浅

有力的腿
腿直，骨骼强健，就像纯种英国短毛猫那样

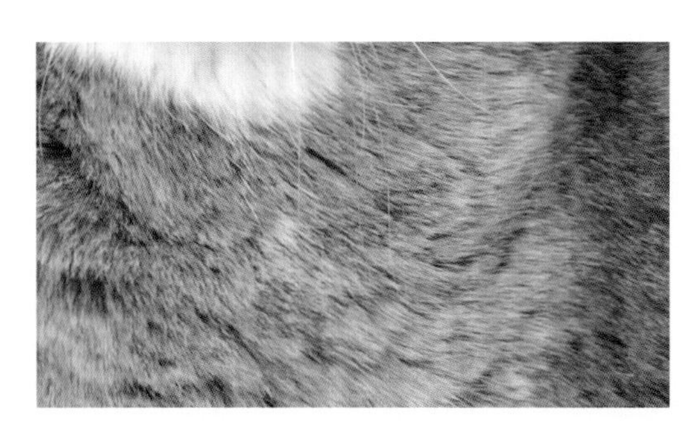

4. 红白混色猫
Red-and-white Mixed Breed

很多非纯种猫的起源已经无从知晓，随着越来越多地受到很多最近的非纯种杂交配对的影响，其原有的种质特性在发展历程中会逐渐被淡化。

概 要

- 无明显的品种联系
- 有个体特征
- 长毛、短毛都有
- 体型适中

溯源

皮毛上出现虎斑加白色的区域总是指向猫的非纯种根源，但是其他特征可能表明以往有纯种的血统加入过，这可能跟毛皮的外观、纹理以及身体的比例有关系。很多因素也决定于猫种群的稳定性，很多如今常见的品种起源于很狭窄的遗传链，而正是这些基因决定了猫的外观形态。这样的猫有时候被称为是“自然形态”，意味着在它们发展的早期阶段没有受到人们的影响，这类猫的形态可能受到气候的影响，就像挪威森林猫(见 72 页）的情况那样。

皮毛形态

很多例子中，长毛基因对于非纯种猫的影响远没有对于纯种猫血统的影响来得明显。许多情况下，长毛的非纯种猫只有在夏季的月份，当蓬松的尾巴毛比身体上的毛长出很多的时候才会被认识。胸前也会有较长的饰毛，特别是在冬季，天气刚开始变冷，但身上的毛还较短而光滑的时候，看起来比较明显。

不太浓密的皮毛
身体上的毛短，让这个部位的花纹看起来更加明显

颈部形态
颈部较长的毛可以让猫的头部看起来相对较小

混合色
有颜色和白色毛的区域在身体上是随机分布的，有个性化特征

5. 黑白猫Black and White

以往纯种猫可能没有明显的特征表现在外貌上，而只能从体型上看出一点端倪，通常情况下，非纯种的猫在体型上要比它们纯种的同类小一些。

概 要

- 个性化斑纹
- 友善
- 较矮胖
- 短毛

溯源

黑白的毛色就像别的双色类型那样，被认为是非常不稳定的性状。在英国短毛猫的早期阶段，具有黑白色的品种因为像喜鹊的毛色而被称为“喜鹊花色”，属于很罕见的类型。繁育者之所以对培育这样的猫失去兴趣，是因为要创造出这类能用于品种展示的，有着理想图案花纹的个体实在是太难了，初始的目标是培育出身体的中段是白色的，类似荷兰兔花样的个体，这样的目标后来落空了，是因为要培育和稳定这样的性状几乎是不可能的。时至今日，哪怕是同一窝的双色幼猫，外观上也有着明显的不同。

整体形象

这种双色的斑纹也可能在身体其他部位表现出来，在这个例子中，鼻子上有一个清晰的黑色素沉着，因周围的毛是白色的，所以特别显眼，虽然黑色素也可能会扩散到周围的这些白色区域当中。假如你留意一下黑白猫的脚底肉垫，也常能见到对应着白毛的粉色脚底上有类似的黑斑。每只具有这种类型的猫，在外貌上都有很大的不同，差别比纯种猫之间的差别大很多。在那些白毛占了大部分的猫当中，有限的黑斑主要出现在头上，这样的猫有时被认为具有梵猫的斑纹特点，由此联想到土耳其梵猫（见135页）。

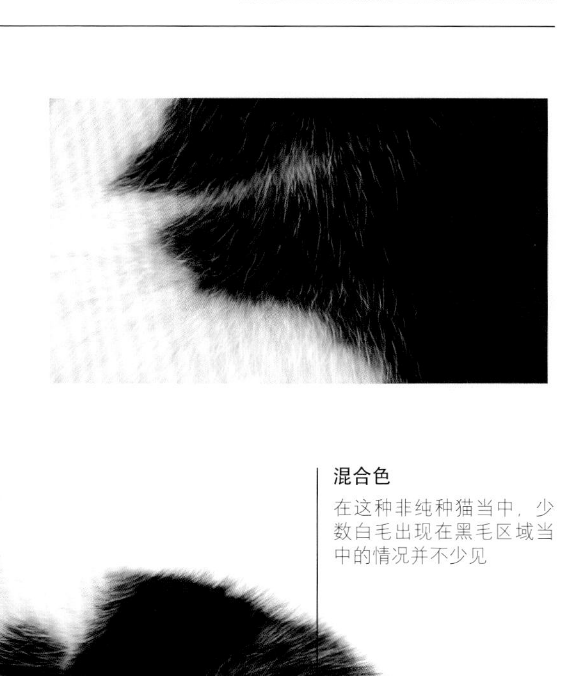

混合色
在这种非纯种猫当中，少数白毛出现在黑毛区域当中的情况并不少见

中等长度的尾巴
尾巴较粗，没有逐渐变细的情况

尾巴毛色
在有些黑白双色猫中，尾巴是白色的

6. 蓝白缅甸杂交猫

Blue-and-white Burmese Cross

当随机的交配发生后，你几乎不可能确定随后产下的幼猫的父本是谁，虽然幼猫的长相可以给你一点提示，最靠谱的还是通过DNA技术加以确认。

概 要

- 一次性育成
- 确定血统要用DNA
- 毛发易打理
- 重感情，叫声响

溯源

所有种类的真正的家养猫都能自由地和别的家猫配对繁育，因为它们都拥有共同的祖先非洲野猫（*Felis silvestris lybica*），具有相同的染色体数量，它们的后代都具有生育能力，相关的基因互相兼容，假如存在基因方面的问题，可能就是自身的变异，尽管不是很常见。最典型的例子如马恩岛无尾猫（见132页），没有尾巴的两个个体不能互相配对，但用有常态尾巴的猫和无尾猫配对就可以。只有在最近的用野猫作为杂交的繁育中会遇到困难，因为最初几代出生的公猫有不育的倾向。

这个例子

试图通过猫的长相来理顺杂交的血统不是严谨的科学，但是对于体态特征和毛色判断有一定的意义。在图上的这只猫的例子中，它要比缅甸猫更大一些，前腿长，脚爪上的白斑像极了雪鞋猫（见99页），它的体态加上较长的前腿，以及毛色更像俄罗斯猫。

长脖子

加上修长的身体，使得它看起来有高挑的感觉

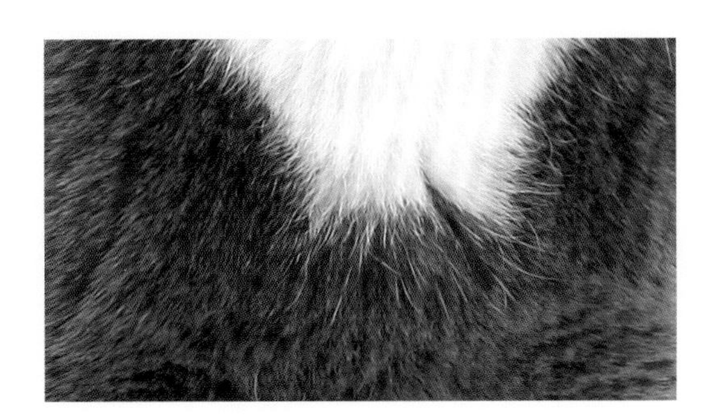

蓝色毛

毛色的实际深浅有变化，有灰色阴影，这里被白色区域打断

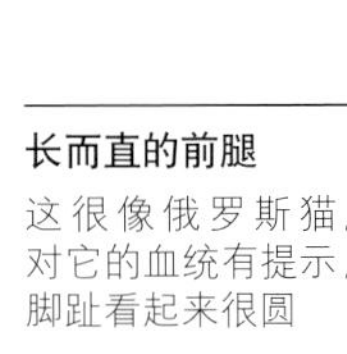

长而直的前腿

这很像俄罗斯猫，对它的血统有提示，脚趾看起来很圆

7. 杂交暹罗猫Siamese Cross-breed

概 要

- 更圆滚滚
- 较强的体格
- 毛色较暗
- 色点特征不显

拥有暹罗猫样式的猫早已成为大众化宠物，不只是它的体态，还有很多人被它的蓝眼睛迷倒，在暹罗猫和别的猫杂交后代中，这个特征也经常得以保留。

溯源

由于暹罗猫（见 86 页）的家喻户晓，人们想要把这种猫的特征加到别的猫身上的做法也就不足为奇了。这样的做法早在 20 世纪 20 年代就开始了，一只长毛波斯猫的色点形式，喜马拉雅猫做了这样的尝试；后来，育种者用暹罗猫的杂交来培育英国短毛猫的色点形式取得成功；和现代暹罗猫的杂交，常见的结果是后代不再有口鼻突出的样子，脸形更像传统的猫，有时候被描述成“苹果形头部”。这些特别的暹罗猫如今以新面貌又成为热门。

性格

杂交暹罗猫的脾气要比纯种的暹罗猫更加温和，不管是在家还是外出，它们都更安静，不再热衷于攀爬。这些猫依然感情丰富，跟主人建立紧密的亲和关系。它们的毛发梳理至少在杂交短毛猫中也是很简单的，即便它的底毛要比真正的暹罗猫更浓密，这些猫因为这个特征的缺乏而更显光滑。

圆眼睛
这不算暹罗猫的特征，暹罗猫的眼睛棱角更加分明

鲭鱼斑纹
在这只猫身上杂交的影响很明显，体侧有明显的鲭鱼斑纹

色点的痕迹
体色不像暹罗猫那样均匀，尾巴的毛色要比足部更深

8. 杂交暹罗猫Siamese Cross-breed

四肢上的深色区，即所谓的色点，在这只杂交暹罗猫身上有所体现，但是眼睛的颜色已经跟暹罗猫不一样了，耳朵的形状也不同。

概 要

- 身体较粗壮
- 虎斑纹
- 长脖子
- 色点型外貌

溯源

暹罗猫在三个月大时就会性成熟，早熟的特性会使其意外产下幼崽。让一只这么大的母猫在外面活动就可能导致跟附近的杂种猫交配而怀孕，可能会产下今后体型比自身还大的后代。就像真正的暹罗猫那样，初生的幼猫可能就是白色的，在以后的几天就会长出很具个性特征的容貌。随着年龄的增加，身体的色调会进一步加深，这是暹罗猫的又一个特点。

影响

这样的杂交猫可能会失去正宗暹罗猫优雅的外形和漂亮的斑纹，这种情况差不多是可以肯定的，尽管这猫看起来很有特点，但不会立刻显现亲本的样子。鉴于不是所有的幼猫都会表现出结合亲本体貌特点的相貌，因此对于繁育者来说，在选育新品种时就会面临困难。在这里，本来应该是光滑的毛变得粗乱，原来想要得到的性状在后代身上被淡化甚至消失殆尽，这就需要把这样的猫再放回去和原来的品种进行回交，指望弱化或消失的特征在将来重新显现而不至于丢失。确定猫的类型（相貌）是培育品种所必需的，在选择和权衡方面要做大量工作，在育种早期要选择特征最明显的个体留种，以不断强化想要的这种特征。

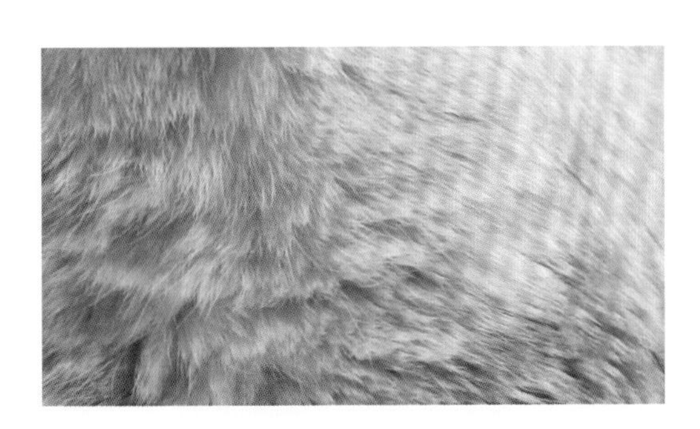

虎斑纹
这只猫的头上有明显的虎斑纹，表示出亲本中有非纯种血统

长脖子
颈部比纯种暹罗猫更粗，头部因而显得很小

体毛色
毛色会随年龄而变深，就像典型的色点猫那样

深色条纹
腿上的虎斑纹很明显，脚比暹罗猫更粗壮

9. 暹罗和卡特尔杂交猫
Siamese and Chartreux

这只很稀有的杂交猫长成了魁梧的体格，看起来跟它的父母都不像。在幼猫出生前，根本就无法预测幼猫将来会长什么样。

概 要
- 强壮的体格
- 比较大
- 很强的捕猎本能
- 多种类型

溯源

就像图片上的这只猫，谁也不能保证暹罗猫的杂交后代身上就会有一致的色点。在某些方面，这只猫很像一只双色的布偶猫(见32页)，尽管它明显是一只短毛猫。还有一些例子，譬如波米拉猫（见48页)，就是由两种已有品种非计划的配对，后代产生不同的形态而被独立认可为一个新品种。这需要通过许多代的繁育，证明其后代都符合这样的特征（相貌）和斑纹样式才行。有时需要和基础品种进行回交，育种者对于最终要显示什么样的特征结果要有很清晰的认识。然而有的时候，假如具有特定花纹的个体出现在一窝幼猫当中，可能其他的个体会在后面的繁育中出现类似特征，这就为培育过程中多代以后出现“符合”性状的品种敞开了大门。

性格

杂交的后代不只是在体格上融合亲本的特点，在行为方式上也会受到影响。在这个例子中，这样的猫几乎可以断定是不错的猎手，其祖先中的卡特尔猫（见107页）据说来自叙利亚山地，就是靠捕猎为生的，这种遗传当然会在如今的后代中强烈表现出来。从现代的暹罗猫天然的运动型气质看，在一定程度上也是很适合捕猎的，这些猫会爬上树，甚至能在树丛中逮住已经飞起来的鸟。

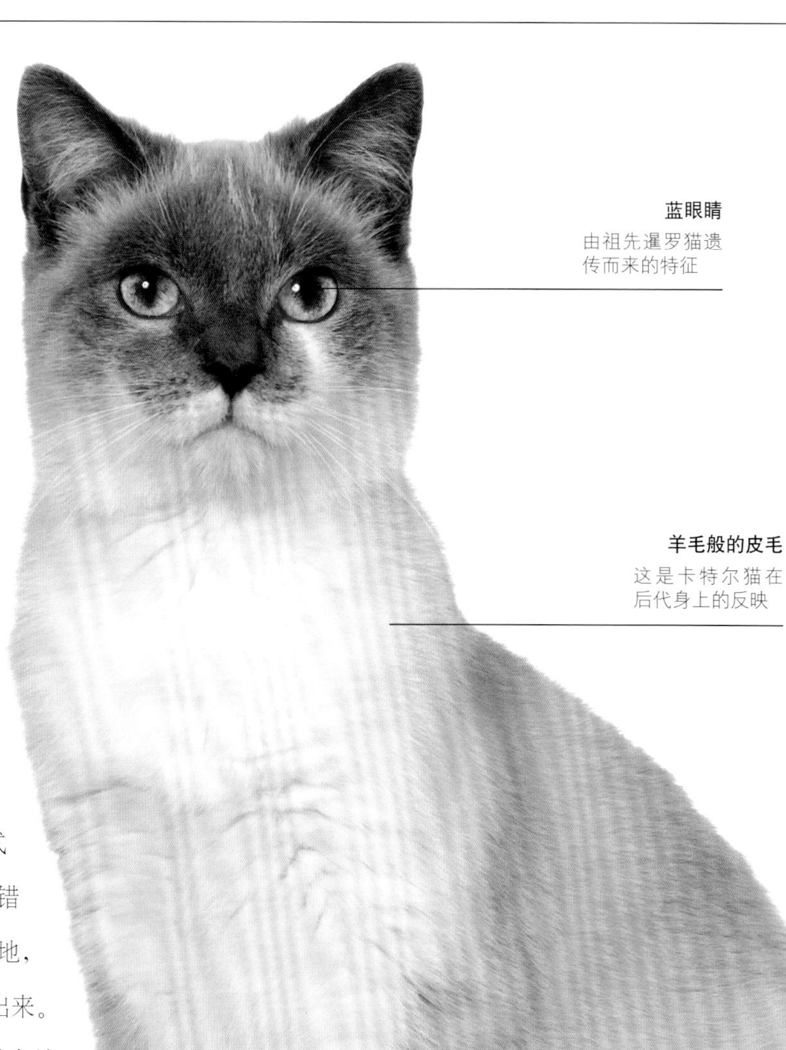

蓝眼睛
由祖先暹罗猫遗传而来的特征

羊毛般的皮毛
这是卡特尔猫在后代身上的反映

双色的身体
这里的浅色代替了白色，尾巴颜色很深

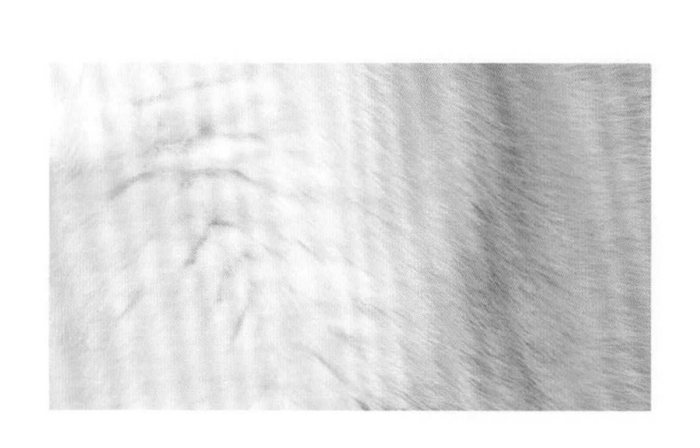

10. 安哥拉和欧系短毛猫
Angora and European Shorthair

概 要

- 长毛
- 多种毛色
- 迷人的眼睛
- 重感情

由于引入了欧系短毛猫的血统，这只安哥拉猫原本特别凸出的脸也变得有点圆滚滚了，很有特色的绿色眼睛就是遗传自安哥拉猫（见 57 页）的一个特征。

溯源

欧系短毛猫（见 108 页）很少见于欧洲大陆以外的地方，所以这种杂交猫应该具有地方性的特点，这种猫有着欧系的样子可能是利用了美国短毛猫（见 104 页）作为替代，这些短毛品种猫和非纯种猫之间的相似性，也表明来自于家猫的杂交安哥拉猫可能也有类似情况，只是在体型上更小一些。这些猫体毛的长度在全年中会有变化。考虑到安哥拉猫在春天会大量脱去长毛，如果不留意尾巴上的长毛，在夏季的月份里看起来会像短毛猫，到秋季来临，体毛会重新长起来。

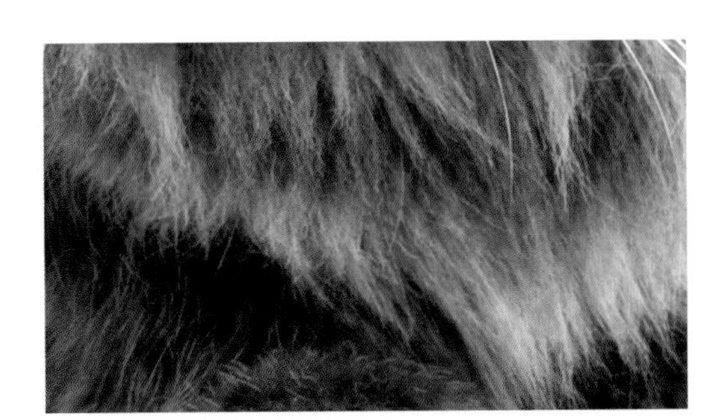

短毛
耳朵背面的毛是软绵绵的，而耳朵里面的饰毛则要更长

外貌

出现在这种猫身上的毛色依“父母”的情况而定，安哥拉猫和欧系短毛猫都有很多种毛色和花纹，但出现在杂交后代身上的虎斑纹，和欧系的虎斑纹比较起来会显得很模糊，较长而不够光滑的体毛，就使得毛发上的斑纹不很明显。

颈毛
胸口长着很长的颈毛，在夏季则不很明显

白嘴唇
嘴巴周围的白色毛可能是遗传自欧系短毛猫的特征

如何照顾猫

照顾好一只猫并不容易，这也是它们能够成为流行宠物的部分原因。现如今不用再专门为它们特别制作营养均衡的食物，在各类商店有很多为猫特别准备的食物可以很方便地买到。

喂养的注意事项

由于猫营养水平的进一步提高，也能够说明为何如今的猫比以往更长寿。猫的预期寿命可以达到十几岁甚至更长，不同阶段的食谱可以满足不同生长阶段的需要，很多宠物食品生产企业会针对幼猫、成年猫和老龄猫的不同需求而生产相应的猫粮。

选择猫粮时品牌可能不是太重要，它们的成分都是根据猫的特殊营养要求而制定的，能够确保你的宠物得到全面的营养。如果你的猫吃东西不是太挑剔，就不用刻意去买高端品牌的猫粮，这能省下一笔不小的费用。

猫经常会改变口味，有时候喜欢吃某一种品牌的猫粮，不久后就对这种牌子的猫粮失去兴趣，如果出现这样的情况，不必急于处理掉这些还没打开包装的剩余猫粮，可以等上几个月，只要食物不过期，可以重新加回到猫的食谱中去，你会发现猫又开始喜欢吃这种猫粮了。

所选猫粮的主要区别是所谓的“干粮”和含有较多水分的“湿粮”，干猫粮可提供更多浓缩的能量，猫所需的营养成分的比例与湿猫粮相比可以相对少一些。要仔细阅读包装上的用法、用量，如果你经常多喂，猫很快就会出现体重超标的情况。

肥胖症对猫的健康非常有害，会引发诸如糖尿病之类跟体重相关的疾病，使猫的寿命缩短。猫虽然也能减肥，但实际做起来比较难，因为猫会在附近到处找东西吃。

关于饮水

打开后的干猫粮无须放在冰箱中保存。吃干粮的猫会喝更多的水，不管怎样，应该确保你的猫随时有清洁的饮水可以喝。没有必要给你的猫喝牛奶，很多情况下，牛奶会引起消化系统功能的紊乱。

很多种类的猫，特别是像暹罗猫那样的东方猫，体内缺少分解乳糖所必需的酶，牛奶中所含的乳糖就很容易在肠道内发酵。假如你想给猫喝点除了水以外的饮料，要选择特别为猫设计制作的无乳糖牛奶。

虽然有的主人选择自己为猫加工食物，但是商店里购买的猫粮含有猫所需的全部营养

非纯种虎斑长毛猫

美容修饰

对猫的修饰很大程度上取决于个体的情况，按照一般规律，长毛的猫每天都要梳理。特制的整理梳能有效防止毛发缠结，避免最终让体毛变得一团糟。

选择带有旋转齿的梳子是有益的，这能使毛更容易梳通，不容易拉扯毛发，不会弄疼宠物。出于这样的原因，在使用美容刷的时候也要注意类似情况。在猫换毛的时候，用美容刷刷掉脱落的陈旧毛发特别管用。

在给猫整理的时候不要让猫感到不舒服，那样它就不会老老实实配合你，对它的梳理就会成为一件很费劲的事情。对猫的美容梳理工作要从小做起，那样在它长大后就会温顺地接受梳理而不会抵触。长毛猫在幼年期的毛发也不是很丰满，这也有助于让它逐渐适应整理毛发的过程。

健康问题

大多数的猫很少会生病，但偶尔也会出现状况，以下就是一些有潜在问题的警示：

- 持续对食物失去兴趣；
- 眼、鼻异常而出现咳嗽、流鼻涕；
- 出现“第三眼睑”（瞬膜），位于眼角的一种眼睑；
- 身体任何部位出现莫名的肿胀；
- 流口水——牙齿有问题的典型征兆；
- 跛行——可能是事故所致，或者是循环系统出现问题的征兆；
- 任何行为上的明显改变，例如长时间昏睡；
- 在家里固定排泄点以外的地方见到排泄物，特别是拉稀；
- 反复抓挠一个地方，掉毛。

清洁

喂猫的时候清洁很重要，这不仅仅是出于健康的原因，如果食盆不干净，挑剔的猫就会拒绝进食。每次喂完后都要把食盆洗干净，喝的水也要每天换。同样，如果你的猫用了排泄沙盘，也要记得保持干净，否则，你的猫就会选择在家里的其他地方“方便”。

浅玳瑁色短毛猫

主人的选项

你需要考虑哪些事

假如你决定养一只猫，接下来的问题就是哪一类猫最适合你的生活方式？尽管猫的类型不像犬那样多，但在气质和照料要求方面也有很多明显差异。下面的表格可以帮助你选到心仪的猫。

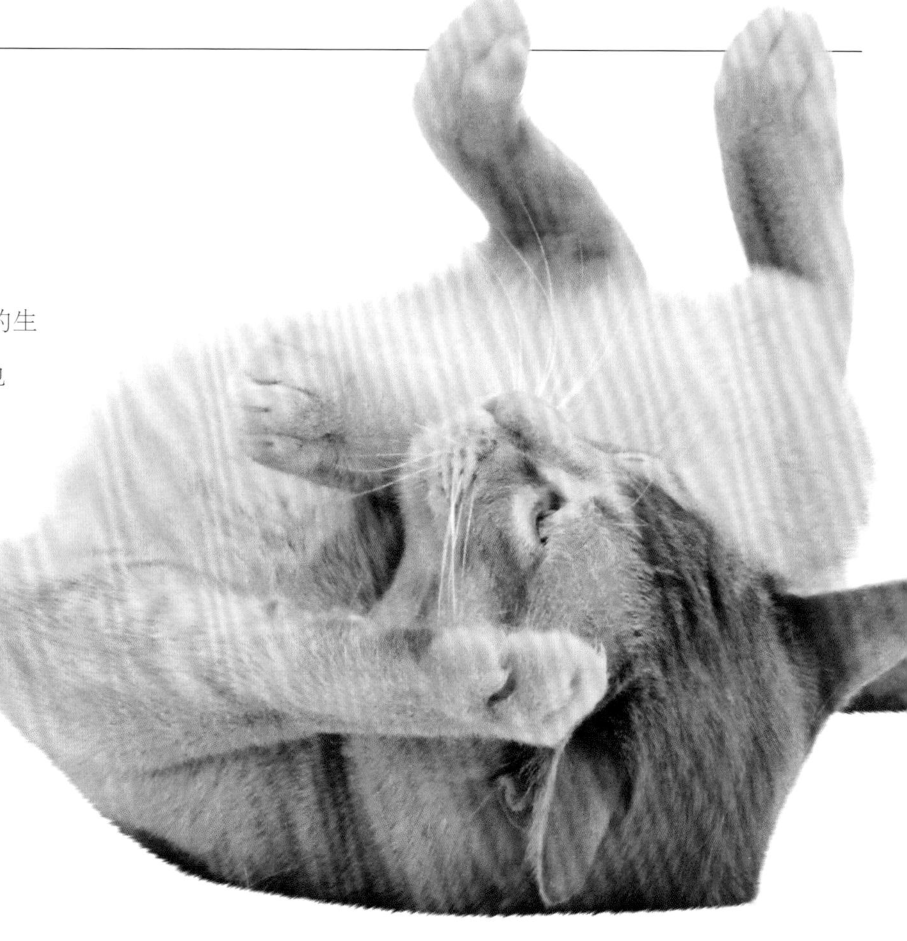

红色欧系缅甸猫

这是你第一次养猫么？

不是，我一直养猫	我小时候养过猫	我从未养过猫
理论上讲，依照你对下面问题的其他看法，没有必要再给你养什么猫合适的建议了	可以考虑大多数猫，尤其是异种短毛猫、欧西猫和苏格兰折耳猫会特别适合你	最好选择很温顺的品种，如美国短毛猫、英国短毛猫、阿比西尼亚猫、布偶猫

你还养了别的宠物么？

不，我只想养一只	我还有一只猫	我有各种宠物
可以考虑暹罗猫、孟加拉豹猫、东方猫、索马里猫等	波米拉猫、卡特尔猫、波斯猫都比别的猫更容易相处	不容易受干扰的种类如波斯猫、喜马拉雅猫（色点、长尾）以及土耳其梵猫

你家有院子或者户外活动空间么？

是的，有远离路的活动空间	在城里有个小院	不，我家没有那样的空间
缅因猫、挪威森林猫、西伯利亚猫可能比较合适	你的选择可以从不寻常的芒奇金猫至普通家猫都行	可考虑如德文卷毛猫、斯芬克斯猫，甚至缅甸猫那样的种类

你是一个人生活么？

是的，我是单身	不，我们是两口之家	不，我们还有孩子
科拉特猫、俄罗斯短毛猫、安哥拉猫可以供你选择	你可以考虑美国卷耳猫、孟加拉豹猫、伯曼猫	塞尔凯克卷毛猫、斑点雾猫、欧系短毛猫会比较适合较大的孩子

现在综合评定一下，选择左边回答的得5分，选择中间回答的得3分，选择右边回答的得1分

15 分或更高：有很多类型的猫都适合你，你的生活环境可以养大多数猫

10 分或更高：有一款最适合你的猫，你应该仔细挑选适合你特定需要的种类

低于 5 分：你要认真考虑一下是否要养猫，尽管有些猫相对比较适合你，但养猫需要付出时间、精力和合适的场地，在忙碌的生活方式局限下养猫是不合适的

在你作出最终决定以前，考虑一下你的个性，以确定你可以跟你选定的猫相处好

你是在寻找一个精神伴侣作为陪伴么

在个性方面东方的猫跟西方的猫完全不同

你有很多可自由支配的闲暇时间么？在那样的情况下，你能选择一条长毛的猫，可以有时间修饰它

另一方面，如果你很忙，选择一只打理不费时间的短毛猫来养就比较明智

利用下面的表格，就能有助于你独具慧眼地作出正确的选择

我有的

金钱	手头拮据 可以考虑普通的家猫	有一些钱 考虑英国短毛猫或美国短毛猫	钱不成问题 看看孟加拉豹猫或加州闪亮猫
时间	时间很紧 考虑一下科尼斯卷毛猫或异种短毛猫	时间较多 看看巴厘猫或雪鞋猫	空闲很多 养一只波斯猫或褴褛猫就很合适
空间	拥挤 考虑一下斯芬克斯猫或彼得无毛猫	有点空间 看看孟买猫或东奇尼猫	宽敞 缅因猫或小精灵短尾猫较合适
活动习惯	喜欢在沙发里度日 看看波斯猫或喜马拉雅猫	喜欢外出散步 看看埃及猫、马恩岛无尾猫、新加坡猫、尼比隆猫	喜欢很有活力的品种 看看暹罗猫、东方猫、缅因猫

我想要我的猫具有的

聪明的猫	只要好玩和长得酷 看看波斯猫或喜马拉雅长毛猫	比较聪明的 看看异种短毛猫、缅甸猫、伯曼猫	最关键是要聪明 看看马恩岛无尾猫、英国短毛猫、暹罗猫
友善、黏人的猫	比较独立的 看看挪威森林猫或西伯利亚猫	忠实伴侣宠物 看看异种短毛猫或东方猫	多数时间跟你在一起 看看布偶猫或阿比西尼亚猫
容易照料的猫	有很多时间来照料 看看喜马拉雅（色点、长毛）猫或波斯猫	适当花点时间修饰 可以考虑威尔士无尾猫、库里廉短尾猫、巴厘猫	必须是容易照料的 看看新加坡猫、孟买猫、肯尼亚猫
安静的猫	天性比较吵闹的 看看暹罗猫和科拉特猫	不算太吵就行 考虑俄罗斯短毛猫或索马里猫	最安静的猫 考虑波斯猫、异种短毛猫，都不是很吵的
忠实的猫	最独立的 看看缅因猫或小精灵短尾猫	有选择地对人友好 英国短毛猫、暹罗猫、苏格兰折耳猫	最忠实的 阿比西尼亚猫、布偶猫、伯曼猫

猫的选项

下面的表格提供了选猫时需要考虑的一些事项，尽管有很多因素会影响某只特定个体的合适程度，但相比于那些年龄较大的猫而言，幼猫通常可以适应得很好，而成年的猫可能受到环境影响而变得特别神经质。在下面表格的每个类别中，有些类型的猫用特殊的符号（★）来表示，在特定情形下特别适合你的要求。

猫的选项（按照中文拼音顺序排列）

品　　种	活跃程度	美容要求	适合老人	适合大家庭
阿比西尼亚猫	☆☆☆	☆	☆☆☆	★
阿比西尼亚野猫	☆☆☆	☆	☆☆	☆☆
阿瑟拉猫	☆☆☆	☆	☆	☆☆
埃及猫	☆☆☆	☆	☆☆	☆☆
安哥拉猫	☆☆☆	☆☆	☆☆☆	☆☆
澳大利亚雾猫	☆☆	☆	★	★
巴比诺侏儒猫	☆☆	☆☆	☆☆	☆
巴厘猫	☆☆☆	☆☆	☆☆	☆☆
彼得无毛猫	☆☆☆	☆☆	☆☆	☆☆
波米拉猫	☆☆	☆☆	★	★
波斯猫	☆	☆☆☆	☆☆☆	☆☆
伯曼猫	☆☆	☆☆☆	☆☆☆	☆☆
布偶猫	☆☆	☆☆☆	★	★
德国卷毛猫	☆☆☆	☆☆	☆☆☆	☆☆
德文卷毛猫	☆☆☆	☆☆	☆☆☆	☆☆
东奇尼猫	☆☆☆	☆	☆☆☆	☆☆☆
顿河无毛猫	☆☆	☆☆	☆☆	☆
俄罗斯猫	☆☆☆	☆	☆☆	☆☆
非洲狮子猫	☆☆☆	☆	☆	☆
哈瓦那棕猫	☆☆☆	☆	☆☆☆	☆☆
虎猫	☆☆☆	☆	☆☆	☆☆☆
加州闪亮猫	☆☆☆	☆	☆☆☆	☆☆☆

品　种	活跃程度	美容要求	适合老人	适合大家庭
家养长毛猫	☆☆☆	☆☆	☆☆	☆☆
家养短毛猫	☆☆☆	☆	☆☆☆	★
金佳罗猫（长毛）	☆☆	☆☆☆	☆☆	☆☆
金佳罗猫（短毛）	☆	☆	☆☆	☆☆☆
卡特尔猫	☆☆☆	☆	☆☆	☆☆
科拉特猫	☆☆☆	☆	☆☆	☆☆
科尼斯卷毛猫	☆☆☆	☆	☆☆	☆☆
肯尼亚猫	☆☆☆	☆	☆☆	☆☆☆
库里廉短尾猫	☆☆☆	☆☆	☆	☆☆
拉波猫	☆☆☆	☆☆☆	☆☆	☆☆☆
褴褛猫	☆☆	☆☆☆	★	★
旅行猫	☆☆☆	☆	☆	☆
马恩岛无尾猫	☆☆☆	☆	☆☆	☆☆☆
曼德勒猫	☆☆☆	☆	☆☆☆	☆☆☆
芒奇金猫（长毛）	☆☆☆	☆☆	☆☆	☆☆
芒奇金猫（短毛）	☆☆☆	☆	☆☆	☆☆
美国长毛卷耳猫	☆☆☆	☆☆☆	☆☆	☆
美国短毛卷耳猫	☆☆☆	☆	☆☆	☆
美国短毛猫	☆☆	☆	☆☆	☆☆☆
美国短尾猫	☆☆☆	☆☆	☆☆	☆☆☆
美国卷尾猫	☆☆	☆☆	☆☆☆	☆☆
美国硬毛猫	☆☆☆	☆☆	☆☆☆	☆☆
孟加拉豹猫	☆☆☆	☆	☆☆	☆☆

虎斑缅因猫

品　种	活跃程度	美容要求	适合老人	适合大家庭
孟买猫	☆☆☆	☆	☆☆☆	☆☆☆
迷你波猫	☆	☆☆☆	☆☆☆	☆☆
缅甸猫	☆☆☆	☆	★	☆☆☆
缅因猫	☆☆☆	☆	☆☆	☆☆☆
拿破仑猫	☆☆	☆☆☆	☆☆☆	☆
尼比隆猫	☆☆☆	☆☆☆	☆☆☆	☆☆
挪威森林猫	☆☆☆	☆☆☆	☆☆	☆☆☆
欧西猫	☆☆☆	☆	☆☆☆	★
欧系短毛猫	☆☆☆	☆	☆☆☆	☆☆☆
欧系缅甸猫	☆☆☆	☆	☆☆☆	☆☆☆
热带草原猫	☆☆☆	☆	☆	☆
日本短尾猫	☆☆☆	☆	☆☆	☆☆☆
塞尔凯克卷毛猫（长毛）	☆☆☆	☆☆☆	☆☆	☆☆
塞尔凯克卷毛猫（短毛）	☆☆☆	☆☆	☆☆☆	☆☆☆
塞伦盖蒂猫	☆☆☆	☆	☆	☆
斯芬克斯猫	☆☆☆	☆☆	☆☆	☆☆
斯库卡姆猫	☆☆	☆☆	☆☆	☆☆
苏格兰折耳猫（长毛）	☆☆☆	☆☆☆	☆☆	☆☆
苏格兰折耳猫（短毛）	☆☆☆	☆	☆☆☆	☆☆☆
索马里猫	☆☆☆	☆☆☆	☆☆☆	☆☆
土耳其安哥拉猫	☆☆☆	☆☆	☆☆☆	☆☆☆
土耳其梵猫	☆☆☆	☆☆	☆☆	☆☆☆
威尔士无尾猫	☆☆☆	☆☆☆	☆	☆☆
无毛卷耳猫	☆☆	☆☆	☆☆	☆☆
西班牙蓝眼猫	☆☆☆	☆	☆☆	☆☆
西伯利亚猫	☆☆☆	☆☆☆	☆	☆☆☆
喜马拉雅猫（色点长毛）	☆	☆☆☆	☆☆☆	☆☆
暹罗猫	☆☆☆	☆	☆☆☆	☆☆
小精灵短尾猫	☆☆☆	☆☆	☆☆	☆☆☆
新加坡猫	☆☆☆	☆	☆☆	☆☆☆
雪鞋猫	☆☆☆	☆	☆☆☆	☆☆☆
羊羔猫	☆☆	☆☆☆	☆☆	☆☆
异种短毛猫	☆☆	☆☆	☆☆	☆☆
英国短毛猫	☆☆☆	☆	★	★

词汇表（按照中文拼音顺序排列）

DNA 遗传物质，脱氧核糖核酸的英文缩写，对所有有机体特质加以编码，用以绘制遗传基因蓝图。

F1，F2，F3，F4 繁育的后代顺序。在野猫和家猫杂交中对于气质和繁殖力有重要意义，数字越大，就离初次的配对关系越远。

F1 杂交 这里的F指的是子女的（filial）世代，在猫中，这是第一次杂交的结果，特指野猫和家猫交配后繁育的第一代。

矮胖 对身体较短圆粗壮的一种描述。

白手掌 白毛覆盖在前脚掌上的一种形式，比在后脚上更常见。布偶猫的三种认可品种之一。

斑点型 在某些虎斑纹品种当中出现的一种特殊形式，条纹变成斑点，如埃及猫。

斑块 古典虎斑猫身体上有颜色的部分形成的较大区域，在斑块形式中，常见的是在身体两侧明显的深色条纹。

斑纹 在毛发上更深或者很明显的颜色，通常有线状、条块状和点状。

斑杂色 不同毛色的混合，不见于双色展示品种中，但在非纯种猫中较常见。

本色（固有色） 对单色毛发的一种形容，如黑色本色、奶油色本色。

变种 有别于常规品种的一种不同形式。

不育 猫不能生育的一种状况。

长毛猫 区分猫品种的单词，因身上的较长毛发以跟短毛猫相区别，有的品种兼有长毛和短毛品种，如芒奇金猫。

长尾种 用于在威尔士无尾猫和马恩岛短尾猫中描述具有正常长度尾巴的个体。

常染色体隐性突变 一种除了性染色体以外的、与细胞核内存在的染色体相关的突变。用一只显示此类突变的猫和普通的个体配对，结果会产生跟双亲相似的猫；当用两只具有这样隐形特征的个体配对后，一些后代就会显现出被隐藏的性状。

超级秃 指身体上完全没有毛的类型，典型的如彼得无毛猫。

宠物型 用以描述因某些小瑕疵而不适合用以品种展示的纯种猫。

纯种 属于某个特定品种的个体。

刺豚鼠色 新加坡猫的一种毛色变化。每根毛的毛尖都是深棕色的，毛根则是浅色的，在浅色底毛衬托下呈现一种在刺豚鼠身上很典型的纹理效果。

粗磨 对于一块干猫粮的一种叫法。

大理石纹 跟孟加拉豹猫密切相关的纹样，由于血统中引入经典虎斑纹而在毛发颜色上形成的大理石般的效果。

玳瑁纹色 猫在传统中具有的奶油、红色和黑色毛混杂的效果，纯种和杂种猫中都有玳瑁纹的类型。由于基因的原因，具有这种毛色的多半是母猫，如果出现在公猫身上则基本都是不育的。

淡化品种 毛色较浅的情况，譬如黑色淡化成的蓝色，巧克力色淡化成的淡紫色，红色淡化成的奶油色。

低致敏性 比一般情况更不容易引起过敏反应的一种说法，有些品种如俄罗斯猫就属于此类。

底毛 很多品种，尤其是来自北方的猫，靠近皮肤的一层绒毛，起到保温作用。

第三眼睑 通常位于眼角部位的瞬膜，在长期体弱身体条件失衡的情况下会脱垂。

点 指身体的各个端点，如四肢、脸、耳和尾巴，猫若在这些部位的毛色较深就称为色点猫，最有名的如暹罗猫。

动物学家 研究动物及其行为的人，动物学家同时也从事自然保护工作。

短躯 身体短，相对于暹罗猫那样身躯苗条修长的而言。

短尾 尾巴较正常情况更短，在下弯的地方被短截。此形态常见于亚洲猫，是日本短尾猫和库里廉短尾猫的识别特征。也能出现在其他品种当中，譬如小精灵短尾猫和美国短尾猫。

断奶 不再吃母乳而开始吃固体食物。

耳簇毛 长在耳尖部位的长毛，见于一些猫如阿比西尼亚猫当中，看起来像某些种类的野生猫。

耳饰毛 见于猫耳朵内侧的毛。

发声 猫发出的各种叫声。

繁育计划 一系列有计划的配对，由展示者依照提高群体品质的目标要求实施，有时也是为了创造一个新品种。

繁育力 能成功繁育的能力。

防护毛 猫体表较长、较粗糙的毛，起到防护的作用。

肥胖 体重超标。

睾丸 成熟公猫产生精子的器官，可以在未做绝育手术的公猫尾根部见到。

固有色 猫身上具有纯色，没有别的斑纹或颜色，见“本色”词条。

海豹色 色点猫中具有的最深颜色的渲染。

黑色素 见于很多猫的深色体毛中的色素。

虹膜异色 两眼的颜色不同的情况，典型例子是白毛猫中常见的一只眼睛蓝色，另一只眼睛是别的颜色。

虎斑纹 猫的斑纹中最常见的形式，这类猫无论条纹形态如何，在前额上都有“M”形条纹。

换毛 从身体上脱下毛发的过程，在春天特别多。

皇后 母猫的别称。

基因 将体征通过 DNA 由一代传给另一代的基础物质，基因位于染色体之中。

麂皮 一种皮革，用以给猫的毛皮进行擦拭，使之更光亮。

寄生虫 生活在猫体内外的微小生物。

交配 繁殖的行为。

截尾型 无尾猫品种当中有尾巴，但长度不如正常长度的那些类型。

紧跟 猫或犬训练成在外出时能够被牵引着紧跟主人的脚步行进。

近亲繁殖 亲缘关系很近的两者发生的交配，如父女、母子的配对，常用以强化某种特征。

经典色 对虎斑色的一种描述，鉴于身体侧面有形似牡蛎的较深的明显斑块，也叫斑块虎斑。

颈项毛 在长毛猫中见到的围绕颈部的一圈较长的毛，如冬季的缅因猫因天冷而长出浓密冬毛的时候较明显。

卷毛 有些品种的猫身上具有的卷曲和波浪形的毛发。

卷皱 ①公猫脸颊上的隆起；②斯芬克斯猫那样的无毛猫皮肤上起皱的部位；③有着卷曲耳朵的苏格兰卷耳猫的统称。

蓝点 传统的毛色品种之一，色点部位，即脸、耳、腿、足和尾是标准的蓝灰色。在具有这种毛色的品种当中，初生幼猫的毛色不明显。

泪斑 泪腺突出于眼睛，眼泪由于腺管堵塞而不能经由泪腺管进入鼻腔。波斯长毛猫中特别明显。

脸线打断处 脸部轮廓的转角处，主要是指从头部到鼻子的部位。

流浪猫 离家游荡或者以前曾被作为宠物饲养，如今没有家的猫。

猫白血病病毒（FeLV） 损害猫免疫系统的致命感染，无药可治，通过撕咬留下的唾液和鼻腔分泌物传播，注射疫苗是唯一可以防止其发生的途径。

毛发修饰 一个让毛发处在良好状态，防止纠结的过程。

毛尖色 每一根毛发上毛色深浅交替分布而产生的色彩效果。

毛尖晕 深色的毛尖在皮毛上形成的渲染效果。

毛球 脱落的毛，在猫进行自我整理时，被猫用粗糙的舌头舔舐，并吞进胃里形成堆积，对于长毛猫经常性地梳理可以防止此现象发生。

酶 在体内参与化学反应的一类物质，在猫的消化道中起到很重要的作用。

尿记 公猫用排尿的方法昭示领地和警告其他猫的一种做法。

扭结 在猫当中形容尾巴由于遗传或受伤等因素伸不直的情况。

蓬乱 毛发纠缠松散的状态。

皮垫 有些品种的成熟公猫下巴附近扩大的皮肤褶皱，如英国短毛猫那样。

品种 具有可识别特征的一类猫，在配对时能够把特征传给后代，当繁育发生时，应确定是否为有效品种。

谱系 一只猫在传了数代后的亲缘关系记录。

鲭鱼斑纹 用以指虎斑猫中在身体两侧具有鱼骨头形态条纹的那种斑纹类型。

趋同进化 不同的或不相干的品种或物种之间，在外部压力作用下进化出相似的外形。

染色体 基因所附着的遗传物质。染色体通常成对出现，位于每个活细胞的核中，幼猫从“父母”那儿获取染色体后重新组对。

肉垫 ①脚底没有毛的地方；②嘴上长胡子的根部。

色点打断 此情况出现在色点猫中，标准的色点毛色分布区域被别的颜色毛（通常是白色）打断，而不是延续地覆盖身体。

色点猫 对于身体的“点”部位有着颜色更深毛的猫的称呼，典型的如暹罗猫和喜马拉雅猫等。

筛查 运用各种兽医手段对各种先天性的遗传疾病和常规疾病进行的事先检测。

闪亮毛 毛发的绒毛和体纹形成颜色对比，造成毛的不同长度呈现不同颜色，有闪亮的视觉效果。

手套 在某些猫的品种（如伯曼猫）中在前脚上的白色区域，好像戴了“白手套”。

兽医 经过专业训练，能预防和治疗猫和别的动物疾病的人员。

刷毛 对于尾巴的一种描述，特别是在半长毛的猫中，即便是身体上的毛是很短的，尾巴上覆盖着刷子般的长毛。

双色 一只猫身上同时出现白色和其他颜色的毛，譬如黑色和白色或红色和白色。可以根据这些颜色体毛的分布情况来判断是否是纯种猫。

丝绒状 形容毛发的一种毛茸茸的状态。

汤姆猫 公猫的别称。

桃绒 用以形容在斯芬克斯猫身上很短的绒毛，好像未成熟的桃子表面的毛那样。

条斑纹 在很多虎斑猫腿上随机分布的深色条纹。

突变 基因导致的跟亲本形态产生较大的变化，如耳朵外形或腿长度的变化。

兔子跳 见于马恩岛无尾猫和威尔士无尾猫的很特别的步态，这类猫有着兔子般长长的后腿。

托比色 玳瑁色的简称。

无尾型 对威尔士无尾猫和马恩岛无尾猫中没有尾巴类型的叫法。

下体 指猫身体的下半部分。

显性突变 具有如下特点的突变：假如一只这种类型的猫和常规的猫配对，其第一代后代有概率出现亲本的特点，相对于隐性突变，这种突变更容易被确立。

小精灵猫 德文卷毛猫的另一种叫法，因这种猫的脸和耳朵看起来像英国德文郡传说中的小精灵而得名。

性别 对于雌雄的生物学称呼，雄猫被叫做“汤姆”，雌猫则被叫做“皇后”。

选配 对交配对象进行选择，以决定哪些猫可以配对。

血缘 一只猫的祖先延续数代的血统特征，不仅仅限于纯种的猫。

烟色效果 猫身上的毛色从毛根到毛尖产生的由浅到深的效果。

阉割 防止繁育的一种外科手术，有时也被称为去势。

眼睫线 从虎斑猫眼角位置中延伸出来的深色区域。

眼镜斑 位于两眼之间，向嘴巴延伸扩展的白色毛区。

野猫 指具有家猫祖先，但又恢复自由生活状态，很回避人类的那些猫。

遗传 跟基因相关，经常在讲到遗传缺陷中提及。

异种 ①字面上指国外的猫种；②用美国短毛猫和波斯猫杂交在北美培育出的一个品种。

疫苗 帮助提高猫免疫力，以有效抵御主要致命疾病的一种预防手段。

隐性遗传 遗传学术语。一只具有这个特点的猫和普通的个体交配后，所有出生的幼猫都像普通猫，只有当两只都具有这种特质的猫配对，后代才会表现出亲本的性状。

印花布色 在北美常用于描述玳瑁色加白色花纹的一个术语，有很多变化，例如浅印花布色，用来描述白色掺杂着蓝色和奶油色。

樱桃眼 先天性的眼睛缺陷，多见于犬，也能见于缅甸猫和孟买猫等中。

硬毛 美国硬毛猫身上的一种手感较硬的毛发。

有效品种 一只猫所生的后代要符合母猫或者其配偶实际的形态（毛色和花纹不一定要相符）。

诱导排卵 不寻常的繁育机制，雌性没有固定的排卵周期，而是对交配行为产生排卵反应，提高受孕的可能性，尤见于像猫这样单独活动的动物中。

鸳鸯眼 两只眼睛具有不同的颜色，参见虹膜异色词条。

远交 在繁育计划中运用没有血统关系的猫的一种手段。

杂交 两个不同品种之间发生的交配。

遮蔽效果 深色毛尖的毛和浅色毛尖的毛混杂，产生一种独特的对比效果，如在钦奇拉猫中能见到的那样。

针毛 覆盖在大部分身体上，可以保持身体温度的中等长度的体毛。

整形术 跟改变骨骼形态相关的外科手术。

植入 ①胚胎移到子宫壁，尚未跟胎盘产生联系的过程；②在猫的颈背部皮下注射进一个识别微芯片的过程。

自发突变 繁育中出现的自身无法预料的变化，在美国卷毛猫和芒奇金猫中较典型。

嘴吻 脸的前部，包括口鼻的部位。

索　引

猫名索引一（按照中文笔画顺序排列）

十画

十一画

十二画

十三画

十五画

十六画

猫名索引二（按照英文字母顺序排列）